高等院校工业设计专业系列教材

工业设计概论（第二版）

Introduction to Industrial Design
(Second Edition)

兰玉琪　邓碧波　编著

清华大学出版社
北京

内 容 简 介

本书结合大量案例，深入浅出地阐释了不同语境下工业设计的相关概念、不同视域中工业设计的学科特征、不同时代下工业设计的发展历程、不同地域中工业设计的文化特质、不同视角下工业设计的主要要素和工业设计的一般流程与常用方法。

本书内容体现"艺术、科技、应用"三者相融合的专业内涵。以深入浅出的方式为广大读者展现工业设计的相关理论：从产品到服务的设计概念的衍变、技术与艺术之间的探讨、对工业设计相关设计要素的360度全方位解读、以功能或形式为线索的设计风格的演进以及从需求出发的设计程序与方法，每一个章节都将工业设计相关的概念与理论娓娓道来，使读者更为系统、完整地了解工业设计的知识体系，让读者在轻松的阅读中走进工业设计的世界。

本书结构合理，内容丰富，不仅可以作为高等院校工业设计和产品设计专业的教材使用，而且可供其他相关专业及广大从事工业产品设计的人员阅读参考。

图书在版编目 (CIP) 数据

工业设计概论 / 兰玉琪，邓碧波 编著 . —2 版 . — 北京：清华大学出版社，2018（2023.10重印）
（高等院校工业设计专业系列教材）

　ISBN 978-7-302-49111-8

　Ⅰ . ①工… Ⅱ . ①兰… ②邓… Ⅲ . ①工业设计—高等学校—教材 Ⅳ . ① TB47

中国版本图书馆 CIP 数据核字 (2017) 第 313209 号

责任编辑：李　磊
装帧设计：王　晨
责任校对：牛艳敏
责任印制：曹婉颖

出版发行：清华大学出版社
　　　　　网　　　址：http://www.tup.com.cn，http://www.wqbook.com
　　　　　地　　　址：北京清华大学学研大厦A座　　　　邮　　编：100084
　　　　　社 总 机：010-83470000　　　　　　　　　　邮　　购：010-62786544
　　　　　投稿与读者服务：010-62776969，c-service@tup.tsinghua.edu.cn
　　　　　质 量 反 馈：010-62772015，zhiliang@tup.tsinghua.edu.cn
印 装 者：三河市君旺印务有限公司
经　　销：全国新华书店
开　　本：190mm×260mm　　　印　　张：8.5　　　字　　数：251千字
版　　次：2013年2月第1版　2018年3月第2版　　　印　　次：2023年10月第4次印刷
定　　价：49.80元

产品编号：068538-02

高等院校工业设计专业系列教材

编委会

序一

今天，离开设计的生活是不可想象的。设计，时时事事处处都伴随着我们，我们身边的每一件东西都被有意或无意地设计过和设计着。

工业设计也是如此。工业设计起源于欧洲，有百年的发展历史，随着人类社会的不断发展，工业设计也经历了天翻地覆的变化：设计对象从实体的物慢慢过渡到虚拟的物和事，设计方法关注的对象也随之越来越丰富，设计的边界越来越模糊和虚化；从事工业设计行业的人，也不再局限于工业设计或产品设计专业的毕业生。也因此，我们应该在这种不确定的框架范围内尽可能全面和深刻地还原和展现工业设计的本质——工业设计是什么？工业设计从哪儿来？工业设计又该往哪儿去？

由此，从语源学的视角，并在不同的语境下厘清设计、工业设计、产品设计等相关的概念，并结合对围绕着我们的"被设计"的事、物和现象的观察，无疑可以帮助我们更深刻地理解工业设计的内涵。工业设计的综合性、交叉性和边缘性决定了其外延是广泛的，从艺术、文化、经济和技术等不同的视角对工业设计进行解读或许可以更完整地还原工业设计的本质，并帮助我们进一步理解它。

从时代性和地域性的视角下对工业设计历史的解读，不仅仅是为了再现其发展的历程，更是为了探索推动工业设计发展的动力，并以此推动工业设计进一步的发展。无论是基于经济、文化、技术、社会等宏观环境的创新，还是对产品的物理空间环境的探索，抑或功能、结构、构造、材料、形态、色彩、材质等产品固有属性以及哲学层面上对产品物质属性的思考，或者对人的关注，都是推动工业设计不断发展的重要基础与动力。

工业设计百年的发展历程给人类社会的进步带来了什么？工业发达国家的发展历程表明，工业设计教育在其发展进程中发挥着至关重要的作用，通过工业设计的创新驱动，不但为人类生活创造美好的生活方式，也为人类社会的发展积累了极大的财富，更为人类社会的可持续发展提供源源不断的创新动力。

众所周知，工业设计在工业发达国家已经成为制造业的先导行业，并早已成为促进工业制造业发展的重要战略，这是因为工业设计的创新驱动力发生了极为重要的作用。随着我国经济结构的调整与转型，由"中国制造"变为"中国智造"已是大势所趋，这种巨变将需要大量具有创新设计和实践应用能力的工业设计人才，由此给我国的工业设计教育带来了重大的发展机遇。我们充分相信，工业设计以及工业设计教育在我国未来的经济、文化建设中将发挥越来越重要的作用。

目前，我国的工业设计教育虽然取得了长足发展，但是与工业设计教育发达的国家相比确实还存在着许多问题，如何构建具有创新驱动能力的工业设计人才培养体系，成为高校工业设计教育所面临的重大挑战。此套系列教材的出版适逢"十三五"专业发展规划初期，结合"十三五"专业建设目标，推进"以教材建设促进学科、专业体系健全发展"的教材建设工作，是高等院校专业建设的重点工作内容之一，本系列教材出版目的也在于此。工业设计属于创造性的设计文化范畴，我们首先要以全新的视角审视专业的本质与内涵，同时要结合院校自身的资源优势，充分发挥院校专业人才培养的优势与特色，并在此基础上建立符合时代发展的人才培养体系，更要充分认识到，随着我国经济转型建设以及文化发展对人才的需求，产品设计专业人才的培养在服务于国家经济、文化建设发展中必将起到非常重要的作用。

此系列教材的定位与内容以两个方面为依托：一、强化人文、科学素养，注重世界多元文化的发展与中国传统文化的传承，注重启发学生的创意思维能力，以培养具有国际化视野的复合型与创新型设计人才为目标；二、坚持"科学与艺术相融合、创新与应用相结合"，以学、研、产、用一体化的教学改革为依托，积极探索具有国内领先地位的工业设计教育教学体系、教学模式与教学方法，教材内容强调设计教育的创新性与应用性相结合，增强学生的创新实践能力与服务社会能力相结合，教材建设内容具有鲜明的艺术院校背景下的教学特点，进一步突显了艺术院校背景下的专业办学特色。

希望通过此系列教材的学习，能够帮助工业设计专业的在校学生和工业设计教学、工业设计从业人员等更好地掌握专业知识，更快地提高设计水平。

天津美术学院产品设计学院
副院长、教授

前 言

现如今，离开设计的生活是不可想象的。设计，时时事事处处都伴随着我们。我们身边的每一件东西都被有意或无意地被设计过和设计着。

正如格尔特·泽勒（Gert Selle）所说的那样，"自从20世纪50年代设计的社会制度化以来，设计便无所不在。从此，设计的必要性就毋庸置疑；经济政策、媒体的在场、文化旅行主义和设计理论使设计成为人人都可接受的谈论主题。"然而，我们对设计的理解又不尽相同、见仁见智。也因此，我们很难给设计下一个放之四海而皆准的定义。这种不确定性，或许正是设计的独特之处和魅力所在；当然，这种不确定性也极有可能阻碍设计的发展。

近年来，工业设计经历了天翻地覆的变化：设计对象从实体的物慢慢过渡到虚拟的物和事，设计方法关注的对象也随之越来越丰富，设计的边界越来越模糊和虚化；从事工业设计工作的人，也不再局限于工业设计或产品设计专业的毕业生。也因此，我们应该在这种不确定的框架范围内尽可能全面和深刻地还原和展现工业设计的本质——工业设计是什么？工业设计从哪儿来？工业设计又该往哪儿去？

由此，从语源学的视角，并在不同的语境下厘清设计、工业设计、产品设计等相关的概念，并结合对围绕着我们的"被设计"的事、物和现象的观察，无疑可以帮助我们更深刻地理解工业设计的内涵。工业设计的综合性、交叉性和边缘性决定了其外延是广泛的，从艺术、文化、经济和技术等不同的视角对工业设计进行解读或许可以更完整地还原工业设计的本质，并帮助我们进一步理解它。

"每个时代都有它的风格。"从时代性和地域性的视角下对工业设计历史的解读并不仅仅是为了再现其发展的历程，更是为了探索推动工业设计发展的动力，并以此推动工业设计进一步的发展。在这个过程中，庖丁解牛般的解读还可以帮助我们更深刻地理解工业设计的常见要素。无论是基于经济、文化、技术、社会等宏观环境的创新，还是对产品的物理空间环境的探索，抑或功能、结构、构造、材料、形态、色彩、材质等产品固有属性以及哲学层面上对产品物质属性的思考，或者对人的关注，都是工业设计创新的外在表现形式。最后，我们通过一个案例将上述关于设计概念、设计对象、设计思想、设计要素、设计方法等内容的思考进行了简单的回顾。

本书只是一种尝试，希望能在创新的语境下为工业设计主题的讨论和探索提供新的思路。

本书由兰玉琪、邓碧波编著，高雨辰、李津、马彧、张莹、黄悦欣、杨旸、汪海溟、寇开元、龙泉等也参与了本书的编写工作。由于作者水平所限，书中难免有疏漏和不足之处，恳请广大读者批评、指正。

本书提供了PPT教学课件，扫一扫右侧的二维码，推送到自己的邮箱后即可下载获取。

编　者

目 录

第4章　工业设计的要素解读　　89

第5章　工业设计的方法流程　　116

《第1章》
工业设计的相关概念

∨

从旧石器时代人类制造第一件打制石器开始，作为人类造物活动的设计便产生了。如图 1-1 所示，虽然这件迄今考古发现的人类最早的燧石器只是从形式上把石核或石块的一面砸碎之后形成一条锯形的切削边缘，以作为切割或刮削的工具，但是其中所蕴含的目的性与创造性已经宣告了人类设计意识的萌芽。

1.1 设计的语源学定义

汉语的"设"字有"布置、筹划、假设"的含义，"计"字则指"计算、策划、计划、考虑"。关于设计，最常见的解释是"在正式做某项工作之前，根据一定的目的和要求，预先制订的设想和计划，包括计划、草图、制作和完成的全过程。"由此可见，它既指某一个具体的构思、设想，也包括设计实现的操作过程。

"设计"在英语中的对译词是 Design，由词根 sign 前加前缀 de 组成。sign 的含义十分广泛，有目标、方向、构想的意思；de 指实施和操作。同时，Design 一词源于拉丁语 Designare，原有"画上符号"之意，即将设计的意图或想法以符号、图像和模型等方式表达出来。如图 1-2 所示为达·芬奇 (Leonardo Di Ser Piero Da Vinci，1452—1519 年) 的手稿，便是将其关于人体尺寸和比例的想法以图像的方式表达出来。

图 1-1　坦桑尼亚奥尔多旺文化的石器

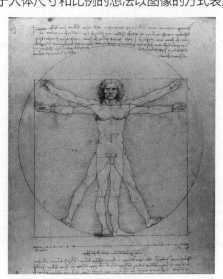

图 1-2　达·芬奇的手稿

《朗文当代英语辞典》所解释的"设计 (Design)"的含义则更加丰富：

作为动词，指 (1) 设计、构思、绘制；(2) 打算将……用作；(3) 计划、谋划。

作为名词，指 (1) 图样、图纸；(2) 设计及制图方法；(3) 图案、花纹；(4) 意图、计划、目的；(5) 设计、构思；(6) 图谋。

此外，设计还具有多种隐喻意义，例如 (1) 设计是创造性的天赋；(2) 设计是解决问题；(3) 设计是在可能的解决方案范围内寻找恰当的路径；(4) 设计是对各部分的综合等。

《韦伯斯特大辞典》中也将"设计 (Design)"一词分为动词和名词两个部分。

作为动词，指 (1) 在头脑中想象和计划；(2) 谋划；(3) 创造独特的功能；(4) 为达到预期目标而创造、规划、计算；(5) 用商标、符号等表示；(6) 对物体和景象的描绘、素描；(7) 设计及计划零件的形状和配置。

作为名词，指 (1) 针对某一目的而在头脑中形成的计划；(2) 对将要进行的工作预先根据其特征制作的模型；(3) 文学、戏剧构成要素所组成的概略轮廓；(4) 音乐作品的构成和基本骨架；(5) 音乐作品、机械及其他人造物各要素的有机组合；(6) 艺术创作中的线、局部、外形、细部等在视觉上的相互关系；(7) 样式、纹饰等。

《牛津词典》首次提及设计的概念时，将设计定义为 (1) 由人设想的为实现某物而做的方案或计划；(2) 艺术作品的最初图绘的草稿；(3) 规范应用艺术品制作完成的草图。

而 1786 年的《大不列颠百科辞典》则将设计描述为"艺术作品的线条、形状，在比例、动态和审美方面的协调。"在此意义上，Design 与"构成"同义，可以从平面、立体、结构、轮廓的构成等诸方面加以思考，当这些因素融为一体时，就产生了比预想更好的效果。

1974 年的第 15 版《大不列颠百科全书》对 Design 一词做了更为明确的解释：Design 是指进行某种创造时，计划、方案的展开过程，即头脑中的构思过程。一般指能用图样、模型表现的实体，但最终完成的实体并非设计，只指计划和方案。Design 的一般意义是"为产生有效的整体而对局部之间的调整"。而且指出，有关结构和细部的确定可以从以下四个方面进行考虑：(1) 可能使用什么材料；(2) 这种材料适用何种制作技术；(3) 从整体出发的部分与部分之间的关系是否协调；(4) 对旁观者和使用者来说，整体效果如何。

因此，"设计 (Design)"一词本身含有通过行为而达到某种状态、形成某种计划的意义。

此外，在古代中国的文献中早已有了与"设计"相对应的词义，如：《周礼·考工记》即有"设色之工，画、缋、钟、筐"。此处"设"字，与拉丁语 Designare 的词义"制图、计划"一致。《管子·权修》中"一年之计，莫如树谷，十年之计，莫如树木，终身之计，莫如树人"的"计"字也与用于解释 Design 的 Plan 一致。

用现代汉语中的"设计"一词对译西方语言的 Design，从各自的语源背景及文化背景来看都毫无歧义，这也从语源学的角度印证了"设计"作为人类生活行为的共性特征。

1.2　设计的基本定义

设计，本身就是一个大概念。从最广泛的意义上讲，设计是个通用词，它的使用范围很广，世界上任何事物的酝酿、策划都可称为设计。出门穿什么衣服、戴什么帽子、化什么妆，都是设计，而且恐怕人们听到的最多的关于"设计"的词是发型设计、造型设计；如图 1-3 所示，维达·沙宣 (Vidal Sassoon，1928—2012 年) 便设计了著名的 Sassoon Bob；选择什么牌子、什么款式、什么颜色的小汽车，也是设计；诸葛亮的"草船借箭"，也是设计。由此可见，人类所有生物性和社会性的原创性活动，都可以称为设计。正如柳冠中先生指出："我们每天大部分的时间所做的事也都可以被称为设计：当我们选择一条乘车路线的时候；当我们编造一个缺席的借口的时候；当合理计划一周的开销的时候；当梦想未来家居空间的时候……只要我们头脑中的思维活动——计划、构想、盘算——是带有预见性的、未来的、愿望性的内容，那就可以叫作设计"。按照"设计"如此宽泛的含义，可以说"我们每一个人都是设计者，我们每时每刻所做的一切，都可以说是一种设计。因为设计是人类一切行为的基础，设计的本质就在于将某种行为朝着某种可知的期望目标进行计划与整合。"但是，其实设计所包含的领域远不止于此。"人们写诗、作画、描绘、作曲等是设计，但是整理抽屉、拔牙、做苹果派、组织棒球比赛甚至儿童教育等，又何尝不是设计。所谓设计，就是一种为形成某种有意味的秩序与状态所做的有意识的努力。"

图 1-3　维达·沙宣及其设计的发型

又如李砚祖教授所言："'设计'既是一个名词，又是一个动词，既可以作为一门学科，又可以是一种职业、一种事业，因此，它必然可以从各个方面给予定义、界定和阐述。每一种定义和阐述，都包含了一定的角度和出发点，也就存有必然的局限性，甚至还是相互矛盾的"。所以，设计的外延越大，其内涵也就越模糊。

(1) 设计是"面临不确定性情形，其失误代价极高的决策。"（阿西莫夫，1962 年）

(2) 设计是"在我们对最终结果感到自信之前，对我们要做的东西所进行的模拟"。（鲍克，1964 年）

(3) 设计是"一种创造性活动——创造前所未有的、新颖的东西"。（李斯威克，1965 年）

(4) 设计是"一种针对目标的问题求解活动"。（阿切尔，1965 年）

(5) 设计是"从现存事实转向未来可能的一种想象跃迁"。（佩奇，1966 年）

(6) 设计是"在特定情形下，向真正的总体需要提供的最佳解答"。（玛切特，1968 年）

(7) 设计是"使人造物产生变化的活动。"（琼斯，1970 年）

(8) 设计是"旨在改进现实的一种活动。设计过程的产物，被用作进行这种改进的模型。"（盖茨帕斯基，1980 年）

(9) 设计"作为一种专业活动，反映了委托人和用户所期望的东西。它是这样一个过程，通过它便决定了某种有限而称心的状态变化，以及把这些变化置于控制之中的手段。"（雅格斯，1981 年）

(10) 设计是"一种社会文化活动"，"一方面，设计是创造性的、类似于艺术的活动；另一方面，它又是理性的、类似于逻辑性科学的活动"。（迪尔诺特，1981 年）

(11) 设计是解决如何将人们的某种需求、愿望、理想，通过创造某一物质而加以具体的实现。（荣久庵宪司，1991 年）

从上述关于设计的定义中，我们可以清晰地看到：设计是把一种计划、规划、设想通过视觉的形式传达出来的活动过程，其核心含义是"人们为实现既定的目的而做的策划和实现的过程"。设计以要达到的目的（目的性）为前提，以如何以最好的方式（创造性）实现目的为中心。如图 1-4 所示，维斯·贝哈 (Yves Béhar，1967 年—) 通过对水瓶形状、色彩的设计引导孩子喝水的 Y Water，同时，其中也必然包括了对"可行性"的思考和推敲。

第一，目的性。

我们在从事任何行为之前，就已经有明确的目的；或者说，行为结束时所出现的结果，其实在行为开始时就已经存在于行为主体的思想中。正如马克思（Karl Marx，1815—1883 年）在《资本论》第一卷关于"劳动过程"的论述中所说：蜘蛛织网，颇类似织工纺织、蜜蜂用蜂蜡来制造蜂房，使人类许多建筑师都感到惭愧。但是，就连最拙劣的建筑师也比最灵巧的蜜蜂要高明，因为建筑师在着手用蜡来制造蜂房之前，就已经在头脑里把蜂房构成了。劳动过程结束时所取得的成果，在劳动过程开始时就已存在于劳动者的观念中了，已经以观念的形式存在着了。他不仅造成了自然物的一种形态改变，同时还在自然中实现了他所意识到的目的。显然，建筑师的工作是设计，而蜜蜂的工作只是一种本能活动。

图 1-4　Y Water

第二，创造性。

设计必须具有独创性和新颖性，追求与众不同的方案，打破一般思维的常规惯例，提出新功能、新原理、新机构、新材料，在求异和突破中体现创新。

设计的创造性通常包含两方面的含义：一方面是设计成果要具有创造性。人们的需求不是一成不变的，因此，陈旧的产品不可能满足人们不断更新与拓宽的需求。后来的产品，必须有别于以前的产品，而且这种差异不仅仅是肤浅的、简单的形状或者颜色的不同，而应该是有一定程度的创新，也就是必须要用前所未有的完整的设计成果或原设计成果中局部的更新来满足人们前所未有的需求。另一方面是设计师要有创造性，设计师只有具备了这种创造性，才有可能在设计过程中推陈出新，才能拿出令人耳目一新的创新成果，保证设计方案的创造性。社会在前进，自然环境、社会环境以及人们的心理状态都处于绝对的变化中。如图 1-5 所示，从鹅毛笔、钢笔到 Moleskine 电子书写工具的变迁，人们的社会需求处在变化当中，设计师要正视这种变化，善于点燃思维的创造性之火，勇敢地迎接社会需求的挑战，这是作为一名合格设计师的基本素质。

第三，可行性。

一切设计都是在一定的人力、财力、物力、时间和信息等条件的制约下进行的，因此在设计时我们要充分考虑设计和设计方案的可行性。

设计是造物艺术，是一种非自由的艺术形态。它总是被限定在特定的时间、空间和物质条件的约束中。不考虑限制条件和物质基础，一厢情愿、随心所欲的"设计"是不存在的，也是没有意义的。因为客观的社会环境既存在科学、技术、经济等实际状况和发展水平的差异，也存在生产厂家、生存环境的特定要求和条件限制，还涉及环境、法律、视觉心理和地域文化等多种因素。这些限制和约束共同构成了一组"边界条件"，组成了设计师进行筹划和构思的"设计空间"，设计师必须在这些边界条件中协调各种关系，从而完成自己的设计工作。

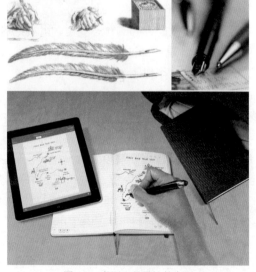

图 1-5　书写工具设计的变迁

1.3　工业设计的定义

工业设计的概念，虽然早在 1919 年就由美国设计师约瑟尔·西纳尔（Joseph Sinel，1889—1975 年）率先提出，但这个词被广泛认可和使用则是在 20 世纪 30 年代以后。而且，随着科学技术的不断发展和前进，人们对社会和自然认知的不断更新，工业设计的定义、内涵和外延也随之不断改变。它的定义在各个历史时期、在不同的国家都不尽相同，并没有一个准确划一的表述。正如现代建筑运动的著名理论家希格弗莱德·吉迪恩 (Sigfried Giedion，1888—1968 年) 在描绘 20 世纪工业设计师如何出现时指出，"他使外壳时尚，并思考如何将可见的 (洗衣机的) 马达隐藏起来，并使之富有整体感。简而言之，就是具有如同火车和汽车般的流线造型。"如图 1-6 所示，雷蒙德·罗维 (Raymond Loewy，1893—1986 年) 于 1934 年设计的 ColdSpot 冰箱，将冰箱包容于白色珐琅质钢板箱内，呈现流线型的产品造型，镀镍五金件给人珍宝般的质感，成为冰箱设计的新潮流，该品牌冰箱的年销量从 1.5 万台猛增到 27.5 万台。而进入 21 世纪后，工业设计已经和正在"参与并创造人类更加美好、更加合理、更加有效的生存方式、工作方式、学习方式和生活方式"，如图 1-7 所示是针对非洲地区妇女、儿童、小孩运水困难而设计的 Q Drum，方便他们从远处取水。

图 1-6 ColdSpot 冰箱 　　　　　　　　　　　　　　　　　图 1-7 Q Drum

正如人们从不同的角度对设计做出了不同的定义，人们也从不同的角度对工业设计进行了不同的解释。如：

(1) 1954 年布鲁塞尔工业设计教育研讨会的定义：工业设计是一种创造性活动，旨在确定工业产品的外形质量。虽然外形质量也包括外观特征，但主要指同时考虑生产者和使用者利益的结构和功能关系。这种关系把一个系统转变为均衡的整体。同时，工业设计包括工业生产所需的人类环境的一切方面。

(2) 美国工业设计师协会对工业设计的定义：工业设计是一项专门的服务性工作，为使用者和生产者双方利益而对产品和产品系列的外形、功能和使用价值进行优选。这种服务性工作是在经常与开发组织的其他成员协作下进行的。典型的开发组织包括经营管理、销售、技术工程、制造等专业机构。工业设计师特别注重人的特征、需求和兴趣，而这些又需要对视觉、触觉、安全、使用标准等各方面有详细的了解。工业设计师就是把这些方面的考虑与生产过程中的技术要求包括销售、流通和维修等有机地结合起来。工业设计师是在保护公众的安全和利益、尊重现实环境和遵守职业道德的前提下进行工作的。

(3) 加拿大魁北克工业设计师协会对工业设计的定义：工业设计包括提出问题和解决问题两个过程。既然设计就是为了给特定的功能寻求最佳形式，这个形式又受功能条件的制约，那么形式和使用功能相互作用的辩证关系就是工业设计。工业设计并不需要产生仅属于个人的艺术作品和天才，也不受时间、空间和人的目的控制，它只是为了满足包括设计师本人和他所属社会的人们某种物质上和精神上的需要而进行的人类活动。这种活动是在特定的时间、特定的社会环境中进行的。因此，它必然会受到生存环境内起作用的各种物质力量的冲击，受到各种有形的和无形的影响和压力。工业设计采取的形式要影响到心理和精神、物质和自然环境。

(4) J. 赫斯凯特 (John Heskett，1954 年—) 对工业设计的定义：工业设计是一个与生产方法相分离的创造、发明和确定的过程。它把各种起作用的因素通常是冲突的因素的最后总和转变为一种三维形式的观念。它的物质现实性体现在能够通过机械手段进行大量的再生产。因此，它尤其与从工业革命开始的工业化和机械化相联系。

从以上的一些定义和阐述不难看出，工业设计的灵魂和核心思想是非常明确和早有定论的。

从宏观上来讲，工业设计的基本概念应是一种"以其所处时代的科学技术成果为依托，以维护人类赖以生存的自然环境为前提，以创建和不断提升人类的工作和生活品质为最终目标的规划行为"，其目的是赋予具有特定功能的批量化生产的产品以最佳的形式，并使产品的形式、功能与结构之间达到辩证的统一。工业设计是从社会经济发展的需求出发，以人们认知社会的心理诉求为基点，用系统的思维方法，运用社会学、心理学、美学、形态学、符号学、工程学、人机工程学、色彩学、创造学、经济学、市场学等学科认识，综合分析、研究和探讨"人—产品—环境"之间的和谐关系，在不断提升人们生活品位的过程中，设计和架构出使生产者和消费者满意的产品，创造出生产者和使用者双方的利益。

从微观上来讲，工业设计是以现代科学技术的成果为基础，研究市场显现的和潜在的需求，分析人的生存、生活、生理和心理需求，并以消费者潜在的和显现的需求为出发点，提出设计构思，分步解决结构、材料、形态、色彩、表面处理、装饰、工艺、包装、运输、广告直至营销、服务等设计问题，直到消费者满意为止。

1.4 从 ICSID 不同时期的定义看工业设计的变迁

国际工业设计协会联合会 (ICSID，International Council of Societies of Industrial Design) 在不同的时期，也对工业设计的定义做出了不同的阐述。下面以 ICSID 在 1980 年法国巴黎年会上、ICSID 在 2001 年韩国汉城（即首尔）年会上和 2006 年在官网上提出的三个不同的定义的对比说明工业设计在不同时期的变迁。

1. 1980 年国际工业设计协会联合会巴黎年会上对工业设计的定义

就批量生产的工业产品而言，凭借训练、技术知识、经验及视觉感受而赋予材料、结构、构造、形态、色彩、表面加工以及装饰以新的品质和规格，叫作工业设计。

根据当时的具体情况，工业设计师应在上述工业产品的全部侧面或其中的几个方面进行工作，而且当需要设计师对包装、宣传、展示、市场开发等问题的解决付出自己的技术知识和经验以及视觉评价能力时，也属于工业设计的范畴。

2.《2001 汉城工业设计家宣言》中对工业设计的描述

1) 挑战

——工业设计将不再是一个定义为"工业的设计"的术语。

——工业设计将不再仅将注意力集中在工业生产的方法上。

——工业设计将不再把环境看作一个分离的实体。

——工业设计将不再只创造物质的幸福。

2) 使命

——工业设计应当通过将"为什么"的重要性置于对"怎么样"这一早熟问题的结论性回答之前，在人们和他们的人工环境之间寻求一种前摄的关系。

——工业设计应当通过在"主体"和"客体"之间寻求和谐，在人与人、人与物、人与自然、心灵和身体之间营造多重、平等和整体的关系。

——工业设计应当通过联系"可见"与"不可见"，鼓励人们体验生活的深度与广度。

——工业设计应当是一个开放的概念，灵活地适应现在和未来的需求。

3) 重申使命

——我们，作为伦理的工业设计家，应当培育人们的自主性，并通过提供使个人能够创造性地运用人工制品的机会使人们树立起他们的尊严。

——我们，作为全球的工业设计家，应当通过协调影响可持续发展的不同方面，如政治、经济、文化、技术和环境，来实现可持续发展的目标。

——我们，作为启蒙的工业设计家，应当推广一种生活，使人们重新发现隐藏在日常存在后更深层的价值和含义，而不是刺激人们无止境的欲望。

——我们，作为人文的工业设计家，应当通过制造文化间的对话为"文化共存"做贡献，同时尊重它们的多样性。

——最重要的是，作为负责的工业设计家，我们必须清楚今天的决定会影响到明天的事业。

3. 2006 年国际工业设计协会联合会官方网站上最新公布的工业设计的定义

1) 目的

设计是一种创造性的活动，其目的是为物品、过程、服务以及它们在整个生命周期中构成的系统建立起多方面的品质。因此，设计既是创新技术人性化的重要因素，也是经济文化交流的关键因素。

2) 任务

设计致力于发现和评估与下列项目在结构、组织、功能、表现和经济上的关系。

- 增强全球可持续发展和环境保护（全球道德规范）。
- 给全人类社会、个人和集体带来利益和自由。
- 最终用户、制造者和市场经营者（社会道德规范）。
- 在世界全球化的背景下支持文化的多样性（文化道德规范）。
- 赋予产品、服务和系统以表现性的形式（语义学）并与它们的内涵相协调（美学）。

设计关注于由工业化——而不只是由生产时用的几种工艺——所衍生的工具、组织和逻辑创造出来的产品、服务和系统。限定设计的形容词"工业的 (industrial)"必然与工业 (industry) 一词有关，也与它在生产部门所具有的含义，或者其古老的含义"勤奋工作 (industrial activity)"相关。也就是说，设计是一种包含了广泛专业的活动，产品、服务、平面、室内和建筑都在其中。这些活动都应该和其他相关专业协调配合，进一步提高各活动的生命的价值。

从上述三个不同时期的定义中，我们可以看出：工业设计的概念是随社会的发展变化而不断发展变化的。因为工业设计总是以产品的形式作为商品的附加价值出现，并伴随着商品市场上的流通而产生意义。正如马克思所言，"一件衣服由于穿的行为才现实地成为衣服；一间房屋无人居住事实上就不成为现实的房屋；因此，产品不同于单纯的自然现象，它在消费中才证实自己是产品，才成为产品"。这就要求工业设计为产品的使用服务，要内在地服从于产品的物质属性，满足人类"衣、食、住、行、用"的使用要求，这是设计实现价值的基础。也因此，人们对产品需求的变化便外化为工业设计内容的变化，并进一步体现为工业设计定义的变迁。

在人类逐渐进入信息化社会的过程中，工业设计在创造艺术化生活方面的作用日益受到重视。从单纯的对产品外观的美化到参与新产品的创造开发，工业设计的发展反映了工业社会科技的发展与进步，因此许多发达国家都以工业产品设计和产品创造开发的思维模式作为艺术设计的核心内容，并以工业产品设计和研发水平的高低作为衡量国家综合竞争力的砝码。而工业设计的媒介是飞速发展的现代科学技术，应用的是前沿的设计理念和方法，因此工业设计本身所承载的科技含量和时代的标识性，使它无可争议地成为艺术设计的核心内容，并导致以工业设计指称艺术设计的方法逐渐获得了广泛的认同，例如：英国的工业设计包括染织、服装、陶瓷、玻璃器皿等设计，家具和家庭用品设计，室内陈列和装饰设计以及机械产品设计等。法国、日本将商业广告宣传的视觉传达设计、室外环境设计、城市规划设计等也列入工业设计的范围。

而且，随着人们对设计内涵的不断发掘，设计的意义已逐渐摆脱了对外观的美化装饰，而上升为创造性地改造和适应自然环境，创造更健康、合理的生活方式。从人类诞生之日起，人与自然的关系就成为影响人类生存与发展的最重要的问题。20世纪后半叶，绿色设计和生态设计的理念受到全球关注。设计已不再只是个体的独立的造物活动，而是关系到人与人、人与空间、人与环境可持续发展的系统工程。当代设计不仅要解决眼前的问题，更重要的是要立足于千秋万代的长远发展，要综合协调自然法则、经济法则、人机关系和环境因素，以此来确定自己的价值体系。

工业设计也在设计的内涵与外延逐渐扩大和泛化的背景下，发展成为结合工程技术、美学、市场经济与社会文化等因素，围绕"产品"这一或实体或虚拟的对象所进行的创作。实质的设计产出除了传统的产品外观设计以外，可能还包括结构设计、模具开发、操作接口、视觉界面、平面设计、商业包装设计等，若需要配合商业营销可能还涉及品牌形象设计、展示设计等内容。当下，电子信息技术和互联网技术飞速发展，交互设计等新的内容也成为完整的工业设计所应包含的议题。新的变化使得工业设计的应用领域远远超出了传统产品设计的范围。也正是基于这一点，不少人认为工业设计的概念应当得到更大程度的拓展和延伸。

如图1-8所示，由国际工业设计协会联合会1980年和2006年两次关于工业设计的定义，我们不难看出工业设计的内涵和外延都发生了深刻的变化。

时代背景	设计的对象	设计的内容	设计的内涵	设计的外延
工业经济	批量生产的工业产品	材料、结构、构造、形态、色彩、表面加工以及装饰	新的品质和规格	包装、宣传、展示、市场开发等问题
知识经济	（由工业化所衍生出来的工具、组织和逻辑创造出来的）物品、过程、服务以及它们在整个生命周期中构成的系统	全球道德规范；利益和自由；社会道德规范；文化道德规范；与内涵相协调的表现性的形式	创新技术人性化；经济文化交流；创造性的活动	包含了产品、服务、平面、室内和建筑等广泛的专业；这些活动都应该和其他相关专业协调配合

图1-8 ICSID关于工业设计定义的对比（1980年的定义与2006年的定义）

其一，当今的工业设计进一步强调对全球环境、社会、人、文化和可持续发展的关注。

其二，工业设计的服务领域进一步扩展。广义的工业设计几乎包括我们所指的"设计"的全部内容，它包含为了达到某一特定目的，从构思策划到建立切实可行的实施方案，并且用完整明确的方式表达出来的一系列行为。它包含了一切使用现代化手段进行生产及服务等的全部设计过程。与之相对应的狭义工业设计，一般可以认为单指产品设计，即针对人与自然、与社会的关联中产生的诸如工具、器械与玩具等物质性装备所进行的设计。如图1-9所示，手机的设计在不同的时期表现出了不同的设计特征。初期的手机设计更偏向于以技术为基础的造型设计，以Motorola DynaTAC 8000X（1983年）为例，便是以电话的听筒为原型（Prototype）进行设计（如图1-10所示，Motorola DynaTAC 8000X与电话、无线电话、字母机、座机的话筒设计有着功能及造型语言的一致性），既兼顾到功能语意上的延续与识别性，又充分考虑通信技术带来的移动便利性；而后，手机设计的中心过渡到以市场为导向的造型设计，如可更换彩壳的NOKIA 8210（1999年）、可适应不同使用环境的三防手机NOKIA 5210（1999年）和附带日历、FM收音机、红外线等功能的NOKIA 8310（2000年）等，NOKIA这三款手机的形态体现出了基于产品结构原理的相似性，这也说明这一时期手机设计的重点转向了造型的多样化设计阶段。随后的Sanyo SCP-5300（2002年）、NOKIA 1100（2003年）、NOKIA 7600（2003年）、Motorola Razor V3（2004年）、NOKIA 7280（2004年）、Motorola Razor V3 Magenta（2005年）、KDDI Penck（2006年）和LG Chocolate KG800（2006年）更说明了这一时期手机设计的重心是造型设计及其所依赖的技术原理的设计（如结构设计）。2007年，iPhone的出现则彻底颠覆了手机设计的内容和法则。自iPhone 3G以后，不同品牌的手机在形态上的差异性逐渐弱化，取而代之的是产品体验（如手机的操作系统、应用程序、使用体验、围绕手机的产品生态系统等）的差异（如图 1-9 第 4 行作品中 SONY、LG、SAMSUNG、NOKIA 的几款手机）。所以，这一时期手机设计的中心工作不再是传统的造型设计或者结构设计，工业设计的内容转向围绕体验的交互设计、服务设计甚至创新生态系统的设计。

图 1-9　不同时期的手机设计　　　　图 1-10　Motorola DynaTAC 8000X 与电话听筒的对比

　　显然，当前工业设计的发展已经从过去仅仅关注产品的造型设计，发展到目前聚焦于设计与文化、环境的关系，以及设计所蕴含的关于人的生存方式、人的价值观等问题的思考方面。这一过程表明，随着人们对工业设计本质的认识逐步深入，工业设计的核心问题已经由对"人—物—环境"三者关系中有形的"物"的研究，转变为对诸如人的生命、人的理想以及人的生存与发展等无形的"事"的问题的研究。因此，在新的历史时期，工业设计概念的界定与描述必须从设计的理念、思想、意义与价值等领域出发，而不能像以往那样以设计对象为特征进行界定。

　　不过需要指出的是：工业设计并不是一把无所不能的"万能钥匙"，工业设计的应用范围是有一定界限的。作为一种创造性的活动，工业设计可以通过与人们的生活、工作密切相关的物品、服务、过程等方面影响人们的社会生活行为，但它并不能直接"设计"人们的生活方式；它可以因发扬不同国家、民族的文化特色而影响人们对民族文化的态度及未来文明的选择，却不能直接"设计"文化；它可以用强有力的方式对人类未来的生活方式施加影响，但它不能直接"设计"未来。总之，它可以成为人类有意识地把握自身、把握文明发展的众多现代创新手段的一种，但却不可以代替一切。而对于设计师而言，最为重要和最为现实的使命莫过于尽早且尽快地使自己创造的产品形态和环境能逐渐引导人们的生产方式和生活方式走上文明、健康和合理的发展道路。

1.5　思考题

　　(1) 从关于设计的不同定义中，归纳设计的本质特征，并结合日常生活中的事、物或现象，阐述自己对设计的理解。

　　(2) 以某一件（类）产品为例，分析工业设计的设计对象、设计内容等在不同时期的异同及其变迁。

《第 2 章》
工业设计的学科特征

∨

2.1 工业设计学科体系的组成

工业设计的综合性、交叉性及边缘性，决定了它与社会学、心理学、经济学以及艺术学、工程技术学等其他学科和专业有着不可分割的关系。而且，工业设计的设计理念需要借助相关专业来实现。因此，了解这些专业的内容，就如同电影导演需要了解剧本、演员、摄影、布景、道具、服装甚至音乐等的特征与内容一样，是不可或缺的。

我们通常所说的工业设计，是以成品为目的，通过具有功能性、艺术性、技术性和一定经济价值的、看得见摸得着的、具有实际用途的、具有美的形式的作品或成品来实现的，是具有明确限定的狭义的设计。

按照当代学术研究的观点，试图对某一学科观念下一个一成不变的定义，既是危险的也是没有必要的。但我们可以通过讨论设计的相关特征，如设计与艺术、文化、经济和技术的关系，从而界定狭义设计的基本学科框架。

2.1.1 工业设计与艺术

从艺术中产生的设计本身是不是一种艺术？或者说，在设计师的创作行为、创作构思中，在消费者对设计作品的感知与评价中，设计是不是一种艺术？

对于这个问题，美学界曾有不同的意见：有人明确主张设计就是一种艺术；有人则认为设计是非艺术的审美活动。

关于这一问题，在设计界同样存在着争论：如以托马斯·马尔多纳多 (Tomas Maldonado，1922 年—) 为首的德国乌尔姆设计学院 (ULM Academy of Design) 的设计师们，不仅一度否认设计是一种艺术，而且否认设计和艺术在起源上的联系。显然，马尔多纳多断然否定设计与艺术相互联系的观点是不正确的。因为设计不仅在起源上，而且在现实发展中和艺术都存在着密切的联系，设计从艺术 (特别是造型艺术) 中吸收养分，同时又丰富了造型艺术的语言。

其实，设计与艺术在起源上是一致的。设计的概念产生于文艺复兴时期，不过那时只是形成一个概念，是 "大美术" 范围中的 "小美术"。当代学术界则对设计从形式上进行思辨的界定，认为设计的独立形式产生于现代绘画的客观化趋势，即巴勃罗·鲁伊斯·毕加索 (Pablo Ruiz Picasso，1881—1973 年) 的立体主义 (Cubism) 以及荷兰的风格派 (De Stijl)。他们把形式的试验摆在首位，在平面上 "组成" 立体形式，绘出立方体、圆锥体、圆柱体，把复杂的形体分解为简单的形体。一切东西包括活的东西，都是组合的、变化的、可分解的。如图 2-1 所示，我们可以从风格派皮特·蒙德里安 (Piet Mondrian，1872—1944 年) 的绘画作品和里特维德 (Gerrit Rietveld，1888—1964 年) 的乌德勒支住宅 (Schroder House，1924 年) 作品中，看到这种艺术形式的同源性。

图 2-1 蒙德里安的绘画作品与里特维尔德的乌德勒支住宅

同时，工业设计又是一门特殊的艺术，它需要遵循实用化求美法则的艺术规律完成创造性的思维过程，并通过设计作品的外在形式唤起人们的审美感受和满足人们的审美需求，这种设计作品与人之间的互动关系，便表达了设计的艺术特征。当然，这种实用化求美不是"化妆"，而应该使用专门的设计语言（如强调整体性，综合形体、构成、肌理、色彩等造型手段表达创意，同时与环境相结合，满足人对产品的功能需求，并给人以精神上的审美与愉悦等）进行创造。工业设计对美的不断追求，决定了设计必然具有艺术的成分，设计也因此可视为艺术活动。在近代，工业设计与现代艺术之间的距离日趋缩小，一幅草图或一件模型，本身就可能具备独立的审美价值。

随着历史的发展与社会的进步，创造纯精神产品的艺术和创造物质产品的艺术分离开来，既促进了纯艺术的发展，也极大地推动了工业美术和商业美术的发展。但是，工业设计对艺术的追求，以及现代设计与纯艺术的结合，并没有因此而停止，反而在更深、更广、更高的层面上发展起来。这种设计物形式美的创造，不仅是为了物的美观，更是为了满足人的审美需求和人使用物品时获得的审美感受。

2.1.2 工业设计与文化

设计是一种文化。

设计师按照人的需要、爱好和趣味进行设计，仿佛在设计人自身。正如有的时装设计师所说，他设计的不是女装，而是女性本人——她的外貌、姿态、情感和她的生活风格。

因此，工业设计师直接设计的是用品，是受到文化制约的产品；间接设计的其实是某种文化类型，是人和社会，他们在通过设计新的款式改变旧有的文化价值。

理查德·汉密尔顿 (Richard Hamilton, 1922—2011 年)1956 年完成的作品《究竟是什么使今日家庭如此不同、如此吸引人呢？(Just What Is It That Makes Today's Homes So Different, So Appealing?)》(见图 2-2) 表达了

图 2-2 《究竟是什么使今日家庭如此不同、如此吸引人呢？》

波普艺术 (Pop Art)"普及的（为大众设计的）、短暂的（短期方案）、易忘的、低廉的、大量生产的、年轻的（对象是青年）、浮华的、性感的、骗人的玩意儿，有魅力和大企业式的"艺术特征；如图 2-3 所示的波普风格 (Pop Design) 家具设计作品所采用的艳俗的色彩与设计主题，显然受到了波普文化运动的影响。由此可见，文化对设计有着深刻的影响，并可有力地推动设计的发展。

图 2-3　波普风格的家具设计

工业设计以创造和推动物质文化的发展为最基本的表现形式。今天充斥于我们生活中的任何人工物质，无不带有设计的印记。文化是人类生活发展和生产实践中所创造的一切物品、语言、组织、观念、信仰、知识、艺术等方面的总和，也就是所谓的"第二自然"。人类在进化中，学会劳动、学会利用自然的现有条件，有意识地为自身生存改造"第一自然"，就意味着开始了"第二自然"（文化）的积累过程。

人类的一切文化都始于造物，原始人的造物活动就是一种设计行为。它从适用功能的角度选择材料、确定形制，这与现代设计活动没有本质的区别，都是围绕一定目标的求解过程。而图像、符号、色彩、物品，则是原始文化成果的记载和体现，同时，这种"文化成果"促进了人类的交流和传承，并刺激着人类造物活动的进步与发展。因此，工业设计是一种文化的创造活动。

一方面，工业设计必须具有文化内涵。优秀的设计，必然扎根于地域文化和民族文化的沃土，具有民族性和地域性的文化内涵，才能体现出世界性的意义。和服本是日本的传统服装，已不适应现代社会文明的生活以及工作场景，是一种从实用功能角度来看正慢慢退出历史舞台的文化。如图 2-4 所示为将非洲传统色彩与日本传统和服相结合的"再设计"，让和服重放异彩，体现了新的民族文化的精神内涵。

如图 2-5 和图 2-6 所示，众多基于中国传统文化的设计，或简单地从色彩与形式的角度提取中国传统文化的视觉元素，如盛唐纹、中国红；或从器物的形制与制作工艺的角度寻求设计的灵感，如大量基于明式家具的设计创新。

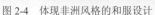

图 2-4　体现非洲风格的和服设计

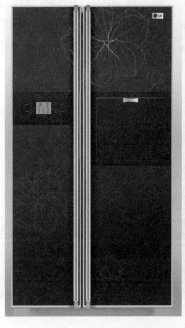

图 2-5　艺术化白色家电设计

另一方面，工业设计要充分考虑设计作品使用的文化环境。因为不同的民族、地域和生活环境，会对使用者及其使用的产品提出不同的要求，并由此形成独特的使用习惯和产品文化。例如在设计中我们就要注意中国人喜欢岁寒三友、日本人忌讳荷花、意大利人不喜欢菊花等现象。

如图 2-7 所示，NOKIA 手机的妙笔系列 6208 及之前的 6108 和 3108 系列，为了迎合中文用户的"手写"文化，配置了手写笔，真正实现了年轻消费群体"爱写就写"的新乐趣，而且将手写笔设计成富有中国传统文化意味的剑的形状，以此提升产品的文化内涵。

图 2-6　"上下"大天地餐桌和茶歌系列餐具

图 2-7　NOKIA 6208

作为一种协调诸多矛盾因素的有效手段，工业设计实现了物与物、物与人、物与环境、物与社会等多重内容的协调关系。这种协调的实质，直接影响物质文化内在因素的形成。因此，在分析工业设计与物质文化的关系中，不可避免地要将与物质文化相关联的智能文化、行为文化、观念文化的内容也融合其中，使其成为一个统一、完整的体系。

例如，我们看到矗立于面前的故宫建筑群，建筑本身的造型、结构、布局、形式等各种因素，体现了它们作为物质文化存在的价值。而反映在物质层面的是它的材料、能源、工艺技术等方面的因素，是古代科学技术水平的象征，如图 2-8 所示。首先，其中的智慧和文化因素显而易见：封建社会中的制度、行为规范、风情习俗影响下的建筑规划和精湛模式，反映了它所负载的行为文化、文化秩序的内容。其次，表现在观念和心理层面的是建筑的设计理念。特别表现在整体环境及室内序列的观念上：它以中轴线两边对称展开的形式，体现出封建人伦社会的"中和"审美观，它是儒家文化中美的极致。这种观念文化的内容，也直接制约建筑的产生和发展。今天，当我们漫步于京城乃至京畿时，随处都可体味到中国传统文化的遗韵，这就是各种形态文化整合以后综合作用于建筑物的表征，也正是设计文化本质特征的体现。

图 2-8　北京故宫建筑群

2.1.3　工业设计与经济

工业设计还具有特定的经济意义。它能够为企业创造巨大的经济效益，并对消费者的生活方式产生巨大的冲击。例如，日本经济的腾飞与日本工业设计的发展是同步的。日本著名设计大师荣久庵宪司(Kenji Ekuan，1929—2015 年)曾声称，"日本可以没有一流的科学家、艺术家，就是不能没有一流的设计家和设计家的事业"。

工业设计是社会物质生产的前提和重要环节。社会生产的目的是满足人们不断增长的物质需要，企业生产的设计作品，以商品形式进入市场，并以交换或交易实现商品的流通，商品销售直接影响设计作品的生产。因此，市场成为人类经济活动的枢纽。

要发挥工业设计的文化整合作用，提高产品的文化价值；同时适应市场需求，提高产品的附加值和商业利润，这就要把文化取向和市场取向有机地结合起来。美国第一代设计师诺曼·盖茨(Norman Bel Geddes，1893—1958 年)就把市场调查作为设计工作的主要程序，他认为，在新产品设计之前必须做广泛而周密的市场调查，在把握消费者的需求主题和同类产品的竞争状况之后，才能开始进行设计的构思与创意。从这个角度来看，市场对设计有制约作用，它要求设计以适应市场状况的形态出现，市场内容的改变必然导致设计内容的改变。换句话说，只有满足市场需求的设计才能够占领市场、赢得竞争。

而新的设计创意能否在市场上取得成功，也与市场调整和对市场需求的把握有直接的关系。新的设计不仅要确保产品具有良好的功能，还要让产品具有卓越的外观设计和产品形象。因此，树立品牌特色非常重要，要在高质量基础上进行商品独特性形象的设计，唤起人们的热情，从而创造市场。有人将"雪碧""七喜"和"莱蒙"三种包装去掉分别注入不同的杯子，给消费者品尝，大多数人难以区分它们在口味上的优劣。然而在市场中，雪碧却成为第一消费选择；同时，可口可乐(CocaCola)风靡全球，成为碳酸饮料的第一品牌。这说明，品牌对市场的占有变成了对消费者心理的占有。质量好的碳酸饮料不计其数，为什么都未能形成与可口可乐分庭抗礼之势呢？事实上，可口可乐除了具有独特的口味和品性外，它的包装盒、商标等都是美国著名设计大师罗维设计的。如图 2-9 所示，可口可乐的标志和饮料瓶，使这一品牌形象早已深入人心。

图 2-9　可口可乐广告

在市场开发中，设计的目标是指向未来的。从产品开发到设计投产需要一个过程，如果只满足现有市场的需求，时过境迁就会造成被动的局面。日本索尼 (SONY) 公司最早在设计观念上提出了"创造市场需求"的原则。他们认为，要想完全准确地预测市场是不可能的，只有根据人们的潜在需求去开拓市场，引导消费时势，才能提高生产的预见性和主动性。如图 2-10 所示，该公司 20 世纪 80 年代设计的 Walkman 便说明了索尼公司的这一设计哲学。此外，近年来，美国苹果公司 (Apple) 的系列设计 (如 iMac、iPod、iPhone、iPad以及 Apple Watch) 更说明了设计与消费以及设计与经济之间的紧密联系。

图 2-10　日本索尼随身听 (Walkman)

2.1.4　工业设计与技术

技术是工业设计的重要因素。美国未来学家阿尔文·托夫勒 (Alvin Toffler，1928 年一) 在《第三次浪潮》中指出：农业革命是人类社会的第一次变革；18 世纪从英国开始的工业革命，摧毁了农业文明赖以生存的生产关系和生产工具，创造了标准化、专业化、集中化的工业文明；今天，由于科学技术的高度发展，人类已进入信息社会，工业文明赖以生存的能源工具、生产方式正在被核能、太阳能、计算机、人工智能技术、自动化生产方式取代。人类社会在科学技术上的每一次重大进步，都将引发工业设计的重大变革。

例如：20 世纪 60 年代的系统论和 20 世纪 80 年代开始计算机的广泛应用，都分别在当时的技术背景下延伸或拓展了设计的领域与方法，并引申了系统设计、计算机辅助设计等设计方法和技术。

又如：设计材料的发展，大致经历了自然材料、金属材料、复合材料以及磁性材料等几个历史阶段。例如轧钢、轻金属、塑料、胶合板、层积木等，每一种新材料的出现，都带来了由制造（制作）到设计技术内容的重大改进。塑料、铝合金、不锈钢、马赛克玻璃、有机玻璃等材料及其制作工艺的更新，使得现代家具与手工业时代家具的造型大相径庭。聚乙烯、聚氯乙烯、聚氯丙烯等塑料的出现，大受设计师的青睐，并被广泛应用于电话、电吹风、家具、办公用品、机器零件以及各种包装容器上。从塑料这种新材料的应用及发展过程便可清晰地看到：新材料的出现，总是推动着设计师进行新的设计形式的探索。如图 2-11 所示，埃托·索特萨斯 (Ettore Sottsass，1917—2007 年)1969 年设计的情人节 (Valentine) 打字机，在成型更为自由的塑料材质上实现了色彩的突破，深得女性消费者的青睐。

包豪斯 (Bauhaus) 学校首任院长瓦尔特·格罗皮乌斯 (Walter Gropius，1883—1969 年) 指出："新型人造材料——钢、混凝土、玻璃——积极取代了传统的建筑原材料。它们的刚度和建筑密度都提供了建筑大跨度和几乎是空透的建筑物的可能性，前代的技术对此显然是无能为力的。这种对于结构体积的巨大节约，本身就是建筑事业的一种革命"。在工业设计领域，其实也是如此。20 世纪后半叶微电子技术的发展，使得电子电器类产品的内部功能空间变得越来越小，从而解放了产品造型设计的诸多约束，加之塑料等材料的流动性使造型设计变得越来越自由和灵活，这一时期的产品设计才有了设计风格多元化的可能。

图 2-11 Valentine 打字机

2.2 工业设计研究的学科转向

进入 21 世纪后，人们对设计的看法已经基本趋同：设计的终极目标就是改善人的环境、工具以及人自身。这种认同感使我们对设计学的任务有了新的认识。设计的经济性质和意识形态性质，即设计的社会特征，使设计学研究必须从传统的单纯对设计的研究中分离出来，给其研究对象的经济特征、文化特征、技术特征和社会特征以应有的重视。正是由于这种情形，才出现了另一种景象：一些对当代工业设计有着重要影响的观念，都不是直接来自于设计领域。由此可见，工业设计是一个开放的系统，除了继承了美术学的体系外，还要广泛地从相关的学科，如哲学、经济学、社会学、心理学等那里获得启发，从而运用系统的思维方法，运用社会学、心理学、美学、形态学、符号学、工程学、人机工程学、色彩学、创造学、经济学、市场学等相关学科的知识来丰富工业设计的内涵和外延。

当前，专家和学者普遍认为工业设计的研究呈现以下三个转向。

1. 心理学转向

基于心理学的工业设计研究主要考察人的行为和审美心理现象，兼有自然科学和社会科学两种属性。这些研究属于从心理学延伸到工业设计领域的应用范畴。

也因此，它一方面具有心理学的基本属性，即科学性、客观性和验证性；另一方面又包含设计领域的艺术性和人文性。前者在心理学领域已经形成了比较完善的理论和技术框架，而后者所包含的内容不仅十分广博，而且概念体系非常复杂，美学研究便是如此。于是，人们开始从心理学的角度研究设计创作和设计欣赏，从社会学角度研究设计的起源和功能，从艺术史的角度研究设计风格的形成和发展。由此可见，设计艺术和心理学走到一起是历史的必然。

如图 2-12 所示，亚伯拉罕·哈罗德·马斯洛 (Abraham H. Maslow，1908—1970 年)1943 年在论文《人类激励理论》中提出需求层次理论，对工业设计活动有非常强的指导意义。

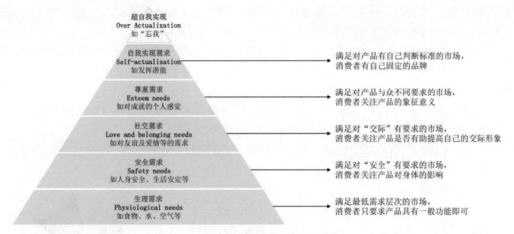

图2-12　马斯洛需求层次理论

作为研究对象，此处的人除了具有广泛意义上的人的本质和心理以外，还特指与设计过程和设计结果有关系的人。其实任何人试图描述设计的基本意义时都会涉及心理学的概念和问题，如前面提及的关于设计的定义，便包含了对设计过程和设计本质的描述，它们都与心理学概念相关。

而且，除了设计过程以外，对设计结果即设计的性质、不同设计的区别及其与社会、经济、文化的关系的研究，也无一例外地与心理学有关。如图2-13所示，就设计过程而言，如果把设计师的设计活动当作"编码"，消费者的欣赏和购买就是一个"解码"的过程；而就产品的使用过程而言，消费者又会根据自己的理解进行"编码"，并将自己的反应反馈给设计师，设计师进而接受、理解和"解码"消费者的设计反馈。设计便成为两个个体之间通过不同心理过程完成的艺术行为。

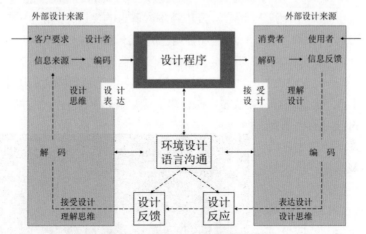

图2-13　设计的"编码—解码"过程

心理学的研究过程是"事实——描述——解释——理论"，其实，在设计的过程中也是如此。

事实：心理学研究的求真和证伪都必须从事实出发，以事实为依据。"事实"是人们关于事物的客观认识，是可以观察和重复的事件。

描述：描述是就研究对象的状态做出说明。对于事实或研究对象的分类和概念化归纳应该是最基本的描述性科学研究。例如，虽然每一个杯子都是不同的，但"杯子"这个概念是关于所有杯子的，是对所有杯子的归纳。如果在概念上进一步归纳，那么"设计杯子"与"设计盛放液体的器皿"就是不同的概念化过程。这里需要强调的是，在设计的开始阶段，我们对设计对象的定义一定要尽可能地扩张和发散。此外，对造型进行分类研究也是描述造型的基本科学方法，如造型风格的分类。我们通常所说的美国设计的大气、日本设计的精巧、德国设计的严谨、意大利设计的浪漫，是对世界设计风格的总体描述和分类。虽然，在科学研究的意义上，描述和分类这类研究的层次一般比较低，但在设计与艺术领域中，却占有不可忽视的重要地位。

解释：解释是关于研究对象之间的"关系"的。这种"关系"也许是因果关系，也许是一种"相关性"的关系；也许是定性的关系，也许是定量的关系；也许是直接的关系，也许是间接的关系。解释通常是指解释事件发生的原因。可以看到的是，解释某种事物是通过分析得到的，作为设计人员，一定的解释能力是必需的。不过，这里解释的"关系"并不一定就是因果关系的，设计师需要这种因果的归纳和推导，但也需要激情和灵感，甚至有些时候灵感更加重要。

理论：理论的意义不仅在于可以揭示事物的规律，它还可以预测事物。我们的设计理论，尤其是工业设计的理论问题，从一开始就存在各种矛盾，这也是理论科学性的一种表现，我们设计的每一个流派都有一定的理论思想，这些思想相互影响，但也有的相互冲突，例如现代主义 (Modernism) 提出"少就是多 (Less is More)"，而后现代主义 (Post – Modernism) 则提出"少就是乏味 (Less is Boring)"，等等。

The new colors of iMac.

图 2-14 iMac

如美国苹果公司推出的 iMac(见图 2-14) 就很好地利用了透明机壳及可爱的糖果色彩来吸引消费者，并使产品使用者消除对电子产品高科技感的恐惧，从而取得了巨大的成功。这便是应用心理学研究成果的成功案例。

2. 语言学转向

基于语言学的工业设计研究在美国尤为突出。1984 年莱因哈特·巴特 (Reinhart Butter) 与美国工业设计师协会合作，为 *INNOVATION* 杂志推出一本主题为"形式的语意学"的特刊。通过克劳斯·克里彭多夫 (Klaus Krippendorff，1932 年一) 以及巴特本人等人的文章，这份刊物在美国为这个新的设计观念铺平了道路。同时，飞利浦(PHILIPS) 公司在自己的设计活动中大量使用产品语意学的研究成果，并大获成功。由此开始，产品语意学经过研讨会、出版物和新的产品路线迅速传播开来。

众所周知，设计不是一门仅仅只生产物质现实的学科，它还需要满足沟通的功能。但是近几十年来，设计师却总是只关注于产品诸如功能、物质技术条件等实用功能和产品的社会功能 (如操作性问题和需求的满足)。以简单的日用品椅子为例，设计发展必须考虑的不仅是人机工程学、结构和材料及其生产技术等方面的要求，还涉及坐的方式，如在工作场所、家里 (餐厅或书桌)、公共场所、学校还是在车上坐，短期坐或长期坐，小孩坐还是老人坐等，同时也涉及"坐"这个词所具有的隐喻意义，也就是附加的情感或表现的意义。翁贝托·埃科 (Umberto Eco，1932 年一) 以王座 (见图 2-15) 为例，说明了"坐"只是椅子的诸多功能之一，甚至连这个功能都还未能被很好地实现。对王座而言，更重要的是焕发出庄重的威严，表现出权力，唤起敬畏之心。这样的阐释模式和语言背景也

图 2-15 皇帝的宝座

被借鉴到其他椅子的设计上来，例如，办公椅必须非常好地满足人机工程学的要求，同时也表现出工作场所中使用者的等级。

正如蒂尔曼·哈伯马斯 (Tilmann Habermas，1956 年—) 所言，物品根据其符号学特征被划分为两种广义的类别：家庭用具或象征物品。象征物品是指明确地和主要地意味着某些事物，例如信号和旗帜，但也包括图画和图形等美学事物。作为家庭用品的物品则主要是实现一个实用的任务，因此包括可操作的事物和能够有益地使用的物品。当然，这种多层次的观察可以应用到所有产品上。例如，汽车不只是一种交通手段，也是高度象征性的生活或文化用品，如图 2-16 所示。罗兰·巴特 (Roland Barthes，1915—1980 年) 在对服装的分析中也发现，时装也具有双重意义：实际上的实用功能和修辞上的表达功能。自然的事物向我们说话，那些人为的创造也必须赋予一个声音：它们应该说出它们是如何产生的、运用了哪些技术、来源于什么样的文化脉络等；它们也应该告诉我们一些有关使用者及其生活方式、对一个社会群体真正的或想象的归属以及他们的价值观等。

图 2-16　HUMMER 汽车广告

所以，首先设计师必须理解这些语言；其次他们必须能够教会这些物品说话。一旦我们懂得了这一点，我们就能够在物品的形态中认识到生活的独特形态。

3. 人类学转向

人类学 (Anthropology) 是研究人的科学。

用人类学的方法对工业设计进行研究，主要是指以研究人们的日常生活为出发点，以探索用户价值为目的，以实地考察为重要方法，以活动焦点为研究中心的研究方法；重点在于通过对日常生活的研究，通过重新关注对设计有意义的日常生活细节，揭示用户"未被满足"的需求。其具体的研究手段是寻找合适的"信息携带者"，然后通过观察、会见、记录，并在此基础上做出"理解性"的描述。人类学的基本理念是将任何地方的人都不只是作为经济实体的消费者，而是作为有欲望和需求的社会存在。这些社会存在以显在或潜在的方式，在积极改变自身和周围的环境，创建新的意义、经历和商品的同时，组成了复杂的社会单位并保持日常生活的基本组织。由此可以发现用户需求与新产品、新服务和新技术之间的相互作用。

这种研究方法可以为产品设计与开发带来新的视野并直接发现潜在用户，特别是一种新产品或服务被引进或在现存的产品或服务中有一些小的变化的时候。如图 2-17 所示，体育明星引领的光头文化现象便催生了 HeadBlade 这一品牌及相关产品。

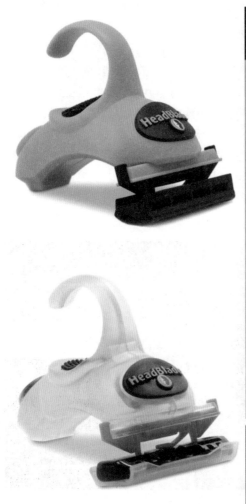

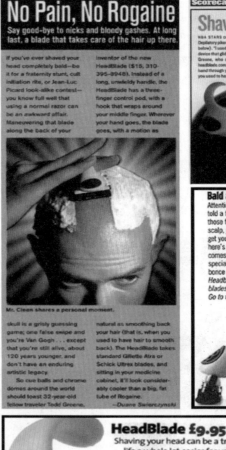

图 2-17　HeadBlade

　　20 世纪 20 年代，哈佛大学的劳埃德·沃纳 (Lloyd Warner，1898—1970 年) 在西塞罗、伊利诺伊等地的工厂开始调查工资、工作条件及其他生产力因素；20 世纪 70 年代巴力特 (Barnett) 博士与露茜·莎琪曼 (Lucy Suchman) 将人类学观点运用于产品设计；2002 年 10 月 IBM 雇佣布隆伯格 (Blomberg) 夫人作为公司的第一位人类学家；苹果、飞利浦、微软 (MICROSOFT) 等企业也都有自己的人类学家、社会学家和语言学家参与设计；IDEO 近年来更是将业务重心由产品设计转向用户研究。人类学方法已经广泛渗透到设计领域。

　　因为社会、经济、文化、技术等因素对设计的影响都可以统一在"人"这一要素之下，所以工业设计面对的问题归根结底是人的问题，因此设计活动应该遵循人的逻辑来进行，所以也就需要我们深入了解关于"人"的知识、观念和方法，这便是人类学研究的重心。

　　诺基亚公司前人类学家 Jan Chipchase 在接受采访时提到，作为一名人类行为研究员，他的工作是研究全世界的人们——他们的行为方式、如何交流、如何与他人互动以及与他们密切相关的事情。其研究的重点在于从现有的人类行为中找出未来几年内人类流行趋势的早期信号，并将他的发现和洞察与产品设计师进行分享，而设计师也经常会和他们一起进行实地考察。从某种程度上来说，这种研究担当着激发设计师灵感的重任。人类行为研究的常用方法如图 2-18 所示。

图 2-18 人类行为研究常用方法

2.3 作为设计科学的工业设计

工业设计不是单纯的关于技术的设计（那是工程设计），也不是单纯的艺术（艺术是其创作者个人情感的表达），而是横跨于艺术与技术之间的综合性边缘学科，这已经毫无疑义。艺术是设计思维的源泉，它体现于人的精神世界，人的主观的情感审美意识成为设计创造的原动力；技术是设计过程的规范，它体现于人的物质世界，客观的技术技能运用成为设计成功的保证。

英国学者保罗·克拉克（Paul Clark）在与朱利安·弗里曼（Julian Freeman）合著的《速成读本：设计》概述中所阐述的观点，可能更符合当前我们的社会现实以及目前我们对于设计的理解。现摘录如下：

这本书基本上是关于用品及其历史的。我们人类在制造用品方面已经变得非常在行——只要环顾四周——每一件用品在制造的过程中都包含着设计的因素。

我们用不着为"设计"这个词的确切含义大伤脑筋。它也许包含着发明，或者工艺。它也许还包含着一种最初的想法。设计往往在不同的时期和所有这些因素互搭，我们所划的任何界限都会有一点不自然。德国人格斯纳在 1565 年是设计还是发明了铅笔？19 岁的法国数学天才帕斯卡在 1642 年是发明还是设计了第一台高效的计算器？劳特雷克是一名艺术家还是海报设计师？

"设计"可以意指或者暗示许多不同的东西。它当然与产品的外观有关，但是也关心它怎么操作。如果强调的是前者，我们可以把它理解为"装饰设计"，后者我们就叫它"实用设计"。从古希腊花瓶到可作为身份象征的最新款小汽车，几乎每一种设计都包含着外观和功能之间的某种平衡。就材料和规模而言，对设计的需要涵盖着人类活动的所有范围：包括从集成电路到大型工程和建筑布局的所有事项。所以这是个广大的领域，一个"设计师"可能只在做许多不同工作中的一种。

设计史上一道重要的分水线出现在 18 世纪晚期的工业设计革命时期。在它之前，当用品是手工制作的时候，它们不断地在变化：有时候这些变化是有意而为的，但多数时候则是意外造成的。一旦到用品被机器制造的时候，对它们的设计就需要更为精心地计划和安排。工艺品在 18 世纪 90 年代首次被使用并不是偶然的事。

最近几十年，"设计"这个词在被各种各样的人使用着：美发师变成了"发型设计师"；室内装饰工变成了"室内设计师"；果园园丁也变成了"园林设计师"。设计已经无法摆脱地和街上的时尚、人的时尚流动倾向及奢侈的消费混合在一起。有时候"被设计了"或"设计师"似乎被想当然地意味着"被很好地设计了"或是"好的设计师"。正如有人所说的，它未必如此。

不过，设计影响着我们生活的每一个方面。不论我们是在休闲、旅行还是工作，我们都被设计的东西包围着。人类的世界是一个设计出来的世界。所有这些用品是怎样产生的？是在什么时候，又是为什么而产生的？它们是用什么制作的？而且运转得怎么样？哪些人是有功之人？这就是设计的故事，是制造用品的故事。

工业设计作为以工程技术与美学艺术相结合为基础的设计体系，不同于技术设计。技术设计旨在解决物与物的关系，产品的内部功能、结构、传动原理、组装条件等属技术范围。工业设计在解决物与物关系的同时，还侧重解决物与人的关系，还涉及产品的外观、造型、形体布局、操纵安排、饰面效果、色彩等属于艺术范围的设计。它还要考虑到产品对人的心理、生理的作用，从而提高市场竞争力。另一方面，工业设计又不同于工业美术和实用美术设计。它所设计的产品首先必须满足消费者的物质需要，以实用功能为最终目的，对产品的外形、图案、装饰、色彩的关注必须以产品特定的功能和内部结构为基础。它的对象主要不是手工艺品，而是批量生产的工业产品。设计是艺术科学和技术的交融结合，集成性和跨学科性是它的本质特征。

20 世纪以来，工业设计成为一门独立的学科。由于它与特定的物质、生产与科学技术的紧密关系，使它本身具有自然科学的客观特征；然而另一方面它又与社会政治、文化、艺术之间存在着关系，这又使之具有特殊的意识形态色彩。这两方面的特点，构成了工业设计专业学科独特的性质。因此工业设计本身应该是一种物质文化行为，而工业设计学科则是既有自然科学特征，又有人文学科特征的综合性的边缘学科。

工业设计，是人类设计行为的全过程。在这个过程中，设计对象的主观和客观因素涉及哲学、美学、艺术学、心理学、工程学、管理学、经济学、方法学等诸多学科，使之成为一门包容众多的学科。

设计成为一门科学的概念，是 1969 年由美国学者赫伯特·西蒙教授 (Herbert Alexander Simon, 1916—2001 年) 正式提出来的，他认为设计科学是哲学和设计方法学的总和。设计科学的产生，除了表明设计对科学技术成果的具体应用外，在方法论的研究上也有了进步，建立起了相对完整的科学体系。显然，科技的发展在为设计提供新的工具、技术、材料的同时，带来了学科的综合、交叉以及各种科学方法论及其研究的发展，同时也引起了设计思维的变革，从而引发了新的设计观念与设计方法学的产生。

恩格斯 (Friedrich Von Engels, 1820—1895 年) 说过，"一个民族想要登上科学的高峰，终究是不能离开理论思维的。"工业设计，以讲究多元化、动态化、优选化及计算机化为特点，如果设计人才缺乏较高的专业理论素养，不能用专业理论和设计方法来指导设计实践，就不可能设计出具有时代特征的作品。设计方法是指实现设计预想目标的途径。一般包括对计划、调查、分析、构思、表达、评价等方法的掌握和运用。有"设计方法学之父"之称的美国学者尼德勒 (Nadler)，早在 20 世纪 60 年代就在其设计策略总结中，把信息的收集归入设计的 10 个重要阶段中。设计师的每一件作品都要考虑功能、形态、色彩、适用环境等一系列问题，这些很大程度上都是靠信息的收集。另一方面又还要按照客户的要求，通过大量的素材收集、信息整理和构思来完成。

1962 年，英国伦敦召开了首次世界设计方法会议，逐渐形成了不同的设计方法流派，极大地丰富了设计方法的研究和运作体系。这些流派和方法主要有：一是"计算机辅助设计方法流派"，主张利用属性分解方法对设计进行全方位的研讨和评价；二是由美国奥斯本 (Alex F Osborn) 提出的"智力激励法"；三是"主流设计流派"，主张基于严格的数理逻辑的处理，将直观能力与逻辑性思考融为一体。

从文艺复兴到 20 世纪中前期，设计还常用比较单一的美术学科知识解决专业范围内的某几类设计问题。新兴的理论，使设计取得了方法上的突破，设计师、工程师和设计理论家们从相邻的学科里去研究和探索设计问题，从而促使现代设计多元化。

现代科学研究的综合性发展，使许多学科相互交叉、相互渗透，从而促进了边缘学科的产生。工业设计作为融艺术、技术和经济于一体的综合性学科体系，其边缘学科的特征一方面体现在它与其他学科的横向联系的交叉方式中；另一方面，作为学科自身的不断充实与完善的结果，也同时造就了更加丰富的分支学科领域，分支学科之间的纵横交叉、相互渗透，增强了设计学的丰富内涵。

西蒙在他的著名论文《关于人为事物的科学》中，从人创造思维和物的合理结构之间的辩证统一和互为因果的关系出发，总结出设计科学的基本框架，包括它的定义、研究对象和实践意义。西蒙教授因广义设计学等方面的成就，于 1978 年成为诺贝尔经济学奖的获得者。他对广义设计学的研究在短短的40 年来，促使"设计科学"迅速成长为独立于科学之林的一门新型的边缘学科。

设计的边缘学科性质不仅在于它涉及诸如人类学、社会学、心理学、美学、逻辑学、方法学和思维科学、行为科学等众多传统学科，更重要的是体现在其自身学科框架中所包含的分支领域的边缘性质。

这种既属于自然科学体系，又属于社会科学体系的横向交叉特征，决定了设计是理性和感性的综合，即技术与艺术的结合。

2.4　思考题

结合某件产品，说明工业设计与艺术、文化、经济和技术的关系。

《第 3 章》 工业设计的发展历程

3.1 工业设计的时代性

早在 1908 年,阿道夫·路斯(Adolf Loos,1870—1933 年)便在其著名的《装饰即罪恶》中指出,"每个时代都有它的风格。"一方面,任何一个时代都有其独特的经济、文化和社会特征以及这个时代的技术水平,这些因素都会催生出属于这个时代的设计作品,如 20 世纪 30 年代的流线型风格便是这个时期美国经济复苏背景下刺激消费的式样设计(Styling)的产物,恰巧这个时期塑料的出现使得壳体的自由形态能够实现,便有了流线型风格的作品。又如 20 世纪 60 年代的思想大解放导致多元化的社会思潮此起彼伏,所以这个时期的设计便呈现出风格多元化和强调设计文化内涵的特征。另一方面,任何一件作品都是基于当时的经济、文化、技术和社会背景而产生的,都是这个时代的产物。无疑也就会体现出这个时代的风格。如 20 世纪 80 年代开始流行的极少主义(Minimalism)设计风格,便体现了设计师们对环境和生态的关注,体现了自 20 世纪末开始引起人们关注的绿色设计思想。

回顾 20 世纪人类设计的历史,我们不难发现,事实确实如此。

20 世纪初,继英国工艺美术运动(The Arts and Crafts Movement)之后,欧洲的新艺术运动(Art Nouveau)以比利时和法国为中心展开,德国则相继形成了青春风格(Jugendstil)。在建筑和工业制品上,他们打破了因袭古典传统的历史风格,开始了向现代主义运动的过渡。新艺术运动在对新艺术方向的探索中,强调艺术风格的整体性,使艺术风格与建筑、室内装饰、家具等家居用品等在格调上一致。在新艺术运动的代表人物中,比利时的亨利·凡·德·维尔德(Henry van de Velde,1863—1957 年)在建筑、室内装饰、银器和陶瓷制品等方面都留下了这一风格的作品,如图 3-1 所示。1906 年,他在德国魏玛市成立了工艺学校(包豪斯学校的前身),并且非常重视艺术与工艺技术的结合。他指出:"一旦人们知道了优美造型的来源以及谁是这种美的创造者,那么工程师们将像今天的诗人、画家、雕刻家和建筑师们那样受到人们的尊重。"法国的赫克托·吉马德(Hector Guimard,1867—1942 年)设计了巴黎地铁入口的装饰物,它是由铸铁制成的花卉图案,并有精致的透空文字,如图 3-2 所示。另一

图 3-1 维尔德设计的网球俱乐部家具和室内设计以及银质刀叉与瓷盘

位英国的查尔斯·雷尼·麦金托什（Charles R. Mackintosh，1868—1928 年）将新艺术运动的曲线型发展简化为直线和方格，更加适应机械时代的审美表现。他所设计的极其夸张的高背椅，远远超出了功能性特征，如图 3-3 所示。德国的青春风格在工艺制品中注重结构的简洁和材料的恰当运用，它的弧线型在当时的汽车车厢设计中留下了明显的痕迹。

图 3-2　巴黎地铁入口

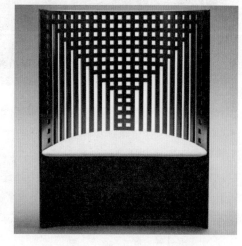

图 3-3　高背椅

20 世纪初，在德意志制造联盟（Deutscher Werkbund）的推动下，德国成为现代工业设计运动的摇篮。著名德国建筑师彼得·贝伦斯（Peter Behrens，1868—1940 年）也成为最早的工业设计师，他为德国通用电气公司（AEG）设计了厂房和企业标志，他所设计的灯具、电扇和电热水壶等，造型简洁明快，以标准零件为基础实现了产品品种的多样化，如图 3-4 所示。在建筑和产品设计中，体现了功能造型的使用与审美的统一。对于设计的工业应用，他认为：“我们别无选择，只能使生活更简朴、更为实际、更为组织化和范围更加宽广，只有通过工业，我们才能实现自己的目标。”

图 3-4　贝伦斯设计的电风扇、电水壶和 AEG 工厂厂房

包豪斯学校成为功能主义的倡导者。瓦尔特·格罗皮乌斯（Walter Gropius，1883—1969 年）以他的建筑设计开创了现代建筑的语言。1911 年他设计的法古斯工厂厂房首次采用玻璃幕墙和转角窗，

使建筑物的外墙不再起支撑作用，从而取得建筑空间设计的更大自由，如图 3-5 所示。包豪斯的毕业生马歇尔·拉尤斯·布劳耶 (Marcel Lajos Breuer，1902—1981 年) 于 1928 年设计的钢管扶手椅开创了现代家具的新纪元，他充分利用了钢管加工的特点和结构方式，辅以木边框架的坐垫和靠背，使得扶手椅造型优雅轻巧，功能性强，形式高度简化，充分体现了包豪斯的现代设计思想，如图 3-6 所示。

图 3-5　法古斯工厂厂房

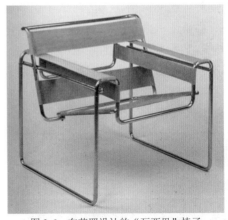

图 3-6　布劳耶设计的"瓦西里"椅子

现代主义设计规范的形成是以包豪斯教学原则为基础的，包豪斯在现代设计运动中的历史地位得到普遍的认同。1929 年，美国纽约现代艺术博物馆 (Museum of Modern Art) 的建立也成为现代设计运动的一个标志，它使建筑和产品设计的精神价值得到应有的肯定。

1931 年在美国开幕的"现代欧洲建筑展"，推出了德国建筑师密斯·凡德罗 (Mies van der Rohe，1886—1969 年)(见图 3-7) 和格罗皮乌斯，以及法国建筑师勒·柯布西耶 (Le Corbusier，1887—1965 年)(见图 3-8) 和荷兰建筑师格里特·托马斯·里特维尔德 (Gerrit Thomas Rietveld，1888—1964 年) 的作品，这些作品都具有理性主义和功能主义的特色，展品介绍在次年以《国际风格：1922 年以来的建筑》为题出版，由此人们便将现代主义设计普遍称为"国际风格"。

图 3-7　米斯设计的魏森霍夫椅 (1927 年) 和巴塞罗那椅 (1929 年)

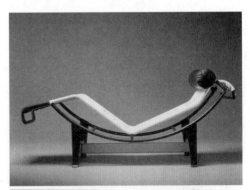

图 3-8　柯布西耶设计的躺椅 (1928 年) 和萨沃伊别墅 (1928 年)

工业设计的普及和商业化是在企业面临市场竞争的条件下实现的。20 世纪 20 年代福特汽车公司 (Ford) 采用高效率的生产线和新的管理方式，大大降低了 T 型车的售价，从而取得了强大的市场竞争力。在这种情况下，通用汽车公司 (GM) 便另辟蹊径，把满足消费者对汽车外观式样的需求作为突破口。遂聘请哈利·厄尔 (Harley Earl，1893—1969 年) 筹建了"艺术与色彩部"，推行每年一度的换型策略，先后推出了雪佛莱 (Chevrolet)、别克 (Buick) 等名牌车系列，取得市场竞争的成功，由此发挥了设计对市场的引导作用。特别是 1929 年开始的经济萧条时期，一些企业普遍引入工业设计，并形成了促进销售的风格式样设计，即在基本结构不变的情况下通过造型的变化促进销售。

随着空气动力学和流体力学的研究，流线型造型首先出现在火车、汽车等交通工具上。1930 年德国设计制作了螺旋桨机车，该机车具有完美的空气动力学造型。1931 年试行，其时速达到 230 千米 / 小时，但未获实际应用。1934 年，美国克莱斯勒 (CHRYSLER) 公司推出"气流"型小汽车，流线型以圆滑流畅的线条，给人以速度感和活力感，由此成为一种时代精神的象征，如图 3-9 所示。在 20 世纪 30 年代，几乎所有美国工业设计师都卷入了以流线型为主的风格化设计中，流线型也被用于钢笔、冰箱等的设计，就连电冰箱顶部也曾被设计为弧形，以致家庭主妇抱怨说，上面连个鸡蛋都放不住。

第二次世界大战期间，由于原材料和劳动力的缺乏，要求产品设计必须趋于结构造型的合理、工艺的简易。以至战后一个时期，"有用的设计"仍然是优秀设计的代名词，功能主义被誉为"正直、端庄和谦恭的"，成为道德和审美趣味高尚的典范。

20 世纪 50 年代，对设计风格影响最突出的因素是人机工程学原理的引入。在第二次世界大战中，随着战斗机飞行速度的提高，人对操作和指示系统的反应能力成为空军战斗力的重要方面，由此对技术系统中"人的因素"的研究促成了人机工程学的产生。1955 年设计成功的波音 707 飞机，是 20 世纪美国工业设计的重大成就，其内部设计是由沃尔特·D. 提革 (Walter D. Teague，1883—1960 年) 主持的，在色彩、座椅、照明设计和空间布局方面大量运用了人机工程学数据，因此给人以舒适体验和安全感。同时，在机械设备和操作、显示装置上人机工程学原理也得到普遍应用，从而改善了产品对人的活动适应性。

20 世纪 60 年代，随着人工合成材料 (如塑料) 在产品中的广泛应用，产品造型和色彩取得了重大变化。色彩艳丽、五光十色的塑料使产品面貌多姿多彩，各种复合材料也相继问世，聚酯材料和玻璃纤维等逐渐取代木材和钢铁，成为电器、家具、办公用品甚至汽车的重要材料。正是由于生产力的进一步发展和材料、工艺技术的进步，为工业产品造型和色彩的设计提供了前所未有的丰富性，由此也动摇了功能主义的美学观。有些批评家指出，对于喜欢艳俗的大众文化来说，功能主义观点会导致僵化和缺乏人情味。

20 世纪 60 年代之后，国际工业设计呈现出欧、美、日异军突起、多彩纷呈的局面。北欧的斯堪的纳维亚半岛国家的设计风格别具一格，因他们有选择地、考究地应用材料，表现出对材料和技术的独特敏感，由此获得产品的功能性和表现力的完全结合，给人一种具有优美的外观和适度的人情味的视觉和情感满足。北欧风格的特质在于：一方面受功能主义的影响，另一方面突出了人与自然和谐，并注重感官感受性的地域文化特征。

随着后现代主义建筑运动的兴起，设计风格向大众趣味靠拢。美国建筑师罗伯特·查尔斯·文丘里 (Robert Charles Venturi，1925 年—) 针对柯布西耶倡导的"少就是多"提出"少就是乏味"，并以胶合板材料设计制作了仿古典家具，如图 3-10 所示。查尔斯·穆尔 (Charles Moore，1925—1994 年) 提出了"艺术要创造一个有意味的大众空间"，并在新奥尔良设计了仿古典的意大利广场，如图 3-11 所示。他们的特点是提供波普艺术，将古典风格与世俗文化交融，形成符号语义的多重译码。

意大利的激进主义设计运动与此相呼应，他们以强调个性化为特征，以标新立异的手法创造新的表现可能性。在灯具和家具设计上最为成功。正如艾特瑞·索特萨斯 (Ettore Sottsass，1917—2007 年) 所言，"灯不只是简单的照明，它讲述一个故事，给予一种意义，为戏剧性的生活舞台提供隐喻和式样，灯还述说建筑的故事。"这正是后现代主义设计的本质所在。

而仿生设计和产品造型的有机化，则表现了当代设计希望使技术产品人性化的深刻愿望。德国的路易吉·克拉尼(Luigi Colani，1928 年—)在设计各种类型的交通工具时，大量运用了仿生原理和空气动力学原理，体现了仿生的有机形式的特色。此外，绿色设计和生态设计在国际上也是方兴未艾，为社会的可持续发展提供有力的保证。

图 3-9 "气流"型小汽车

图 3-10 文丘里设计的 9 种历史风格的椅子

图 3-11 新奥尔良意大利广场

3.1.1 工业革命的困惑：20 世纪初的工业设计

从 1750 年左右工业革命兴起到第一次世界大战爆发，是工业设计的酝酿和探索时期。在此期间，完成了由传统手工艺设计向工业设计的过渡，并逐步建立了工业设计的基础。

工业革命后出现了机器生产、劳动分工和商业的发展，同时也促成了社会和文化的重大变化，这些对于此后工业设计的发展产生了深远的影响。随着商品经济的发展，市场竞争日益激烈，制造商们一方面引进机器生产以降低成本和增强竞争力，另一方面又把产品的装饰和设计作为迎合消费者审美趣味和扩大市场的重要手段。但制造商们并没有对应用新的制造方式生产出来的产品进行重新思考。他们并不理解机器生产实际上已经引入了一个全新的概念和一种全新的审美方式——符合工业化生产方式的产品形式。为了满足新兴资产阶级显示其财富和社会地位的需要，许多家用产品往往都借助各种历史风格来附庸风雅并提高身价，甚至不惜损害产品的使用功能。1851 年伦敦"水晶宫"万国工业博览会上，大多数的展品都极尽装饰之能事，风格近乎夸张，如图 3-12 所示。

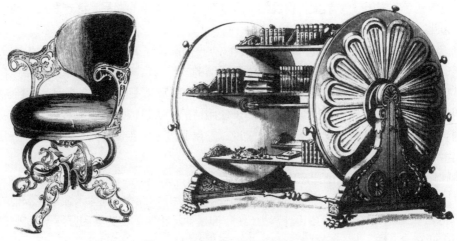

图 3-12　"水晶宫"博览会上的部分展品

　　"水晶宫"是英国工业革命时期的代表性建筑，位于伦敦海德公园内，是英国为第一届世博会（当时正式名称为万国工业博览会）而建的展馆建筑，由玻璃和铁这两种材料构成，由英国园艺师 J. 帕克斯顿（Joseph Paxton，1803—1865 年）按照当时建造的植物园温室和铁路站棚的方式设计，大部分为铁结构，外墙和屋面均为玻璃，整个建筑通体透明，故被誉为"水晶宫"，如图 3-13 所示。

图 3-13　水晶宫

　　这种功能与形式相分离、缺乏整体设计的状况，从反面刺激了一些思想家和设计师，并引发了他们对新的历史条件下设计发展的探讨。不过，尽管他们虽已预感到新时代的来临，但一时又无法向前看到工业生产的出路，于是怀旧、复古的情绪滋生。他们从中世纪、洛可可或者自然中寻求灵感进行设计，采用手工艺的生产方式，用高品质的美学思想对待设计品，希望以此提高国民生活水平和审美素养，形成了现代设计早期的装饰风格，也出现了为大众服务的现代设计的民主思想，从而拉开了 20 世纪初设计改革浪潮的序幕，并为工业设计的形成奠定了思想基础。

1. 工艺美术运动

工业革命最早在英国完成，工业革命的成果也最早在英国展示，批量生产与设计低劣的矛盾也在英国表现得最为明显。19 世纪中期在英国兴起的工艺美术运动便针对当时品质低劣的大众化工业产品，以复兴手工艺及尊重手工艺劳动为前提，提倡为大众生产美观而实用的物品。这一宗旨体现了现代设计的民主思想，因此，工艺美术运动成为现代设计的开端。

工艺美术运动是 1880—1910 年间以英国为中心的一场设计改革运动，并波及不少欧美国家，且对后来的现代设计运动产生了深远的影响。它产生于所谓的"良心危机"，艺术家们对不负责任、粗制滥造的产品以及对自然环境的破坏感到痛心疾首，并力图为产品及其生产者建立或恢复标准。在设计上，工艺美术运动从手工艺品的"忠实于材料""合适于使用目的"等价值观中获取灵感，并把源于自然的简洁和忠实的装饰作为其活动的基础。从本质上来说，它是通过艺术和设计来改造社会，并建立起以手工艺为主导的生产模式的试验。

其理论基础起源于英国作家和批评家约翰·拉斯金（John Ruskin，1819—1900 年）的设计思想。拉斯金本人并没有从事过设计工作，主要是通过他那极富雄辩和影响力的说教来宣传其设计思想。拉斯金对"水晶宫"博览会中毫无节制的过度设计甚为反感，但是他将粗制滥造的原因归罪于机械化批量生产，因而竭力指责工业及其产品。其思想基本上是基于对手工艺文化的怀旧和对机器的否定，而不是基于努力去认识和改善现有的局面。拉斯金的主要主张如下。

(1) 主张艺术与设计相结合。反对将造型艺术分为"大艺术"与"小艺术"。拉斯金主张艺术家应参与产品设计，提高产品的艺术美，认为"大艺术"与"小艺术"同属于造型艺术的范畴，不存在孰高孰低的问题，而且两者之间是互补的关系。他认为 1851 年英国水晶宫博览会所暴露的问题是"大小艺术"不分的社会问题，社会过于强调大艺术，而忽视了小艺术。

(2) 主张设计的社会功能，认为艺术设计应为社会大多数人服务，而不是为少数人所享有；为了建设一个完美的社会，必须要有为大众服务的美术，他说："以往的美术都被贵族利己主义所控制，其范围从来没有扩大过，从来不去使群众得到快乐，去有利于他们……与其生产豪华的产品，倒不如做些实实在在的产品为好。" 他认为艺术家、设计师应该创造出更多的、能为广大平民百姓接受和享用的艺术作品和产品，这才是艺术家、设计师创造的目的。拉斯金强调设计的大众性，反对精英主义设计，这也是他具有的社会主义思想的一种体现。

(3) 倡导艺术家、设计师向大自然学习，从大自然中汲取艺术设计灵感和素材；提倡中世纪哥特式艺术和手工艺，主张以自然形式代替复古主义的装饰样式，艺术家、设计师应该向质朴无华的哥特式艺术和手工艺学习。

(4) 强调艺术与工业的结合。拉斯金虽然痛恨水晶宫博览会展品的丑陋，但他认识到工业化和批量生产是人类发展的必然。但同时，他又反对工业化生产方式，反对在设计中使用新技术、新材料，主张设计要使用自然材料和运用手工技艺。他认为机械生产完全抹杀了凝结在产品中的人的真情实感，是不可能生产出好的产品的，唯一的出路是重新回到中世纪的社会和手工艺劳动。

拉斯金发现了工业化生产方式带来的问题，但没有提出解决问题的方法和途径，因而只能停留在理论层面上，还没有涉及实践深处。但他倡导艺术与工艺、艺术与技术相结合，提倡艺术家、设计师应该向大自然学习和艺术设计大众化的社会主义理想等，对英国乃至世界工艺美术运动的兴起与发展都起到积极的、进步的推动作用。

威廉·莫里斯（William Morris，1834—1896 年）是这一运动的发起者。他在牛津大学就学期间接受了以拉斯金为代表的复古和民主思想，但他不只是说教，而是身体力行地用自己的作品来宣传设计改革。莫里斯师承了拉斯金忠实于自然的原则，并在美学和精神上都以中世纪精神为楷模。他从事设计活动源于他对工业产品的厌恶，同时也是他本人生活的需要。他在开始家庭生活时深感市场没有自己喜欢的物品，于是便亲自动手设计并与几位好友建立了自己的商行，从事家具、纺织品、书籍等的设计和生产（见图 3-14），这正是 19 世纪后半叶英国众多工艺美术行会的发端。莫里斯的工艺美术运动吸引了许多追随者，但高品质的设计和精致的手工制作形成的产品价格并不能为平民所接受。他们的设计活动无法实现为大众服务的理想，也因为与时代发展潮流不符而不能发扬光大。尽管莫里斯的设计思想存在着局限性和矛盾性，但他构建的现代主义艺术设计的理想以及他身体力行的设计改革和实践，足以确立他在世界艺术设计史上不可动摇的地位。

工艺美术运动期间英国产生了大量颇有影响的设计组织，他们都立志追随莫里斯的道路，而且这些组织都以行会组织的形式出现。如 1882 年由阿瑟·马克莫多（Arthur Mackmurdo，1851—1942 年）组建的"世纪行会"和1888 年由查尔斯·罗伯特·阿什比（Charles R. Ashbee，1863—1942 年）组建的"手工艺行会"等。而且，1885 年一批技师和艺术家组成了英国工艺美术展览协会，并定期举办国际展览会，推进了英国工艺美术运动精神的传播。

图 3-14　莫里斯商行生产的苏塞克斯椅

工艺美术运动并不是真正意义上的现代设计运动，因为莫里斯推崇的是复兴手工艺，反对大工业生产。虽然他也看到了机器生产的发展趋势，在他后期的演说中承认我们应该尝试成为"机器的主人"，把它用作"改善我们生活条件的一项工具"。他一生致力于工艺美术运动却是反对工业文明的。但他提出的真正的艺术必须是"为人民所创造，又为人民服务的，对于创造者和使用者来说都是一种乐趣。"及"美术与技术相结合"的设计理念正是现代设计思想的精神内涵，后来的包豪斯和现代设计运动就都是秉承这一思想的。但工艺美术运动也有其先天的不足与局限性，它将手工艺推向了工业化的对立面，这无疑是违背历史发展潮流的。

不过，尽管 19 世纪下半叶大多数设计师都投身于反抗工业化的活动而专注于手工艺品，但也有一些设计师在为工业化生产进行设计，成为第一批有意识地扮演工业设计师这一角色的人，其中最有代表性的是英国的克里斯托弗·德莱塞（Christoph Dresser，1834—1904 年）。他设计了大量的玻璃制品、日用陶瓷和金属器皿（见图 3-15），这些作品造型简洁，强调了一种完整的几何纯洁性，与金属加工技术和材料的特点相一致，并充分考虑如何使产品在材料的使用上更加经济，以降低产品的售价，以使产品不会"超越那些会对产品发生兴趣的人的购买能力"。

图 3-15　德莱塞设计的银质茶壶

2. 新艺术运动

19 世纪后期，尤其是 1870 年爆发的普法战争结束后，欧洲大陆出现了一个和平时期，各国经济的迅速发展带来了一系列的科技突破，产品生产也得到了极大的发展；同时，经济的发展又促进了社会物质需求的增加。这一广阔的社会背景从客观上说明了欧洲大陆即将出现的一场设计运动并非偶然。1890 年左右，欧洲大陆的艺术家中出现了一批改革者，他们憎恶当时艺术那种因循守旧的历史主义样式以及那些虚华浮夸、庸俗肤浅的作品，立志在艺术方面酝酿和发展一种新的方向。但他们又并未打算求助于过往的式样，而是力图挣脱所有学院派样式的羁绊，探索一种前所未有的新的艺术形式。在这样一种氛围中，欧洲大陆发起了一场群众性的艺术与设计运动，这便是新艺术运动。

新艺术运动是19世纪末20世纪初在整个欧洲和美国开展的装饰艺术运动，内容涉及几乎所有的艺术领域，包括建筑、家具、服装、平面设计、书籍插图以及雕塑和绘画。这一运动受到了工艺美术运动的影响，但带有更多感性和浪漫的色彩及人们在一个世纪结束时对过去的怀旧和对新世纪的向往的世纪末情结，是传统的审美观和工业化发展的矛盾的产物。

新艺术运动潜在的动机是与先前的历史风格决裂。新艺术运动的艺术家们希望将他们的艺术建立在当今现实，甚至是最近未来的基础之上，为探索一个崭新的纪元打开大门。为此，就必须打破旧有风格的束缚，创造出具有青春活力和时代感的新风格。在探索新风格的过程中，他们将目光投向了热烈而旺盛的自然活力，即努力去寻找自然造物最深刻的根源，这种自然活力是难以用复制其表面形象的方式来传达的，因而完全放弃了对传统风格的参照。与工艺美术运动相比，新艺术运动中设计的线条更为自由、流畅、夸张，抽象的造型常常从实体中游离出来而陶醉于曲线符号中。最典型的纹样都是从自然界中抽象出来的，多是流动的形态和蜿蜒交织的线条，充满了内在的活力。它们体现了隐藏于自然生命表面形式之下的创造过程，这些纹样被广泛应用于建筑和设计的各个方面，成了自然生命的象征和隐喻。

新艺术运动是一次范围广泛的装饰艺术运动，但其发生的变化是广泛的，在不同的国家和地区体现出不同的特点：德国的青春风格和奥地利的分离派比较现代化，已经探索简单几何图形的合理美学内容；苏格兰的格拉斯哥四人和美国的法兰克福开始承认技术的重要性，走向现代主义；法国的设计家沉溺于中世纪的手工艺浪漫之中，以艺术的气氛作为设计灵感的来源；比利时的设计则体现出民主理想的色彩，他们认为装饰应超越形式的意义，不能为了装饰而装饰，装饰应该表明物品的功能；然而，最极端、最具有宗教气氛的设计却在西班牙。

新艺术的代表人物主要有：德国青春风格的理查德·雷迈斯克米德（Richard Riemerschmid，1868—1957年）、维也纳分离派的查尔斯·雷尼·麦金托什（Charles Rennie Mackintosh，1868—1928年）与约瑟夫·霍夫曼（Joseph Hoffmann，1870—1956年）（如图3-16所示为其作品）、美国的路易斯·康福特·蒂凡尼（L. C. Tiffany，1848—1933年）（如图3-17所示为其作品）、法国的吉马德（见图3-2)和艾米尔·盖勒（Emile Galle，1846—1906年）、比利时的维克多·霍尔塔（Victor Horata，1861—1947年）（如图3-18所示为其作品）和维尔德（见图3-1)，以及西班牙的安东尼·高迪（Antonio Gauti，1852—1926年）（如图3-19所示为其作品）等。

图 3-16　霍夫曼设计的可调节座椅和银质花篮

图 3-17　蒂凡尼设计的玻璃花瓶　　　　　　图 3-18　霍尔塔设计的布鲁塞尔塔塞尔住宅室内

图 3-19　高迪设计的米拉公寓、圣家族教堂和巴塞罗那主题乐园

3. 德意志制造联盟

19 世纪下半叶至 20 世纪初在欧洲各国兴起的形形色色的设计改革运动在不同程度上和不同方面为探索设计的新态度做出了贡献。但是，无论是英国的工艺美术运动还是欧洲大陆的新艺术运动，都没有在实质上摆脱拉斯金等人对机器生产的否定，更谈不上将设计与工业有机地结合起来。工业设计真正在理论和实践上的突破，来自于 1907 年成立的德意志制造联盟。

德意志制造联盟，由在英国接受了莫里斯思想的普鲁斯贸易局建筑委员赫尔曼·穆特修斯（Herman Muthesius，1861—1927 年）倡议成立，他在英国当过 7 年的大使，曾对工艺美术运动和机器生产方式做过考察，发现了莫里斯否定机器生产的错误。穆特修斯肯定和发挥机器的优势，指出："只有同时采用工具与机械，才能做出高水平的产品来"。德意志制造联盟的成员主要包括艺术家、工业家、贸易商人、建筑家和工艺美术家，它把工业革命和民主革命所改变的社会，当作不可避免的现实来客观接受，并利用机械技术开发满足需要的设计品。其成立宣言表明了这个组织的目标："通过艺术、工业与手工艺的合作，用教育、宣传及对有关问题采取联合行动的方式来提高工业劳动的地位。"

德意志制造联盟成立后出版设计年鉴，开展设计活动，参与企业设计，举办设计展览，尤其有意义的是他们有关设计的标准化和个人艺术性的讨论。持这两种观点的代表分别是穆特修斯和维尔德，在 1914 年的年会上，穆特修斯极力强调产品的标准化，主张"德意志制造联盟的一切活动都应朝着标准化来进行"，而维尔德则认为艺术家本质上是个人主义者，不可能用标准化来抑制他们的创造性，若只考虑销售就不会有优良品质的制造。这两种观点典型地代表了工业化发展初期人们对现代设计的认识。当然，随着工业的发展，穆特修斯的观点大获全胜，标准化已成为今日工业产品设计的准则。

德意志制造联盟的设计师们为工业进行了广泛的设计，如餐具、家具等，这些设计大多具有无装饰、构件简单、表面平整的特点，适合机械化批量生产的要求，同时又体现出一种新的美学。但联盟中最富创意的设计并不是那些为了以各种形式已经存在许多个世纪的东西而进行的设计，而是那些为了适应技术变化应运而生的产品所做的设计，尤其是新兴的家用电器的设计。

在联盟的设计师中，最著名的是彼得·贝伦斯 (Peter Behrens，1868—1940 年)，他受聘为德国通用电气公司的艺术顾问，全面负责公司的建筑设计、视觉传达设计和产品设计，从而为这家庞大的公司树立了统一、完整的企业形象，开创了现代公司识别计划的先河。其重要的作品有：1908 年设计的电风扇、1909 年设计的 AEG 透平机制造车间与机械车间、1910 年设计的电钟以及以标准化零件为基础的系列电水壶等 (见图 3-4)，这些设计极好地诠释了现代设计的理念，因而贝伦斯也被称为设计史上第一个真正意义上的工业设计师。

3.1.2 技术与设计：20 世纪 20 年代的工业设计

20 世纪初，工业化生产的发展已经是不可逆转的趋势，隆隆的机器声很快掩盖了叮叮当当的敲打声，机器生产成为符合时代潮流的生产方式。最早理智地接受机器生产并积极投入工业产品设计的国家是德国，这种接受并非偶然，它与日耳曼民族理性、思辨、务实的民族特点紧密相关。

德国 1907 年成立的德意志制造联盟在此期间开展了一系列的设计实践活动，而此时欧洲的其他一些国家还沉浸在无节制的新艺术曲线之中。可惜第一次世界大战的炮火打断了这一活动。大战一结束，德国的设计实践又得以继续。以格罗皮乌斯为首的有识之士不仅认识到了工业产品设计的重要性，还意识到了应该有与工业化发展相适应的设计教育体系来代替古老的手工作坊师傅带徒弟的传授方式，1919年成立的包豪斯学校成为这一思想的体现。

与此同时，其他一些国家也开展了与工业化发展相适应的现代设计运动，这些实践成为工业化生产方式开始时积极的尝试。

1. 荷兰风格派

1917 年开始，荷兰几个具有前卫思想的设计家和艺术家聚集在一起，以名为《风格》(De Stijl) 的月刊为宣传阵地，交流各自的理想，探索艺术、建筑、家具设计、平面设计等的新方法和新形式，形成了对现代设计影响巨大的"风格派"。

荷兰风格派的精神领袖是特奥·凡·杜斯伯格 (Theo van Doesberg，1883—1931 年)，他也是风格派的理论家和发言人。风格派的其他主要人员还有画家彼埃·蒙德里安 (Piet Cornelies Mondrian，1872—1944 年)(如图 3-20 所示为其作品)、建筑师奥德 (Jocobus J. P. Oud，1890—1963 年) 和建筑师兼设计师里特维尔德等。

风格派寻求一种具有普遍意义的永恒的绘画来体现宇宙的和谐，用最基本的直线、方形以及三原色和黑、白、灰构成整个视觉现实的基础，并追求将这些线条、块面、色彩等相互冲突的因素构成一幅均衡而且符合比例的画面，作为生活普遍和谐的象征。他们这种对基本要素的抽象以及用几何要素建立万能形式以获得精确和严密的方式，对于建立一种理性思考下的设计语言起到了重要的影响作用，这一点在包豪斯的设计探索中充分地表现了出来。

有意义的是，风格派成员自己也积极投身于设计实践。因为他们想要把这种普遍永恒的抽象艺术推广到整个生活的视觉领域，以创造一种真正和谐的整体的环境。首先将这种艺术语言与现代设计的探索联系起来的是里特维尔德。他 1919 年设计的红蓝椅是风格派设计实践中最有代表性又最有影响的作品。这把椅子的形式试图表现一种"坐"的构造和构成的"图解"，椅子由各部件互相连接，为了使这一构造在视觉上更加清晰可见，各构件在连接处都向外延伸了一段以夸张表达这些节点，甚至还在构件的端部涂上了对比色。这把椅子虽然并不舒适，更像一件风格派的雕塑，然而其中的意义远远超过了一件雕塑的设计，如图 3-21 所示。里特维尔德 1924 年设计的乌德勒支住宅则是风格派建筑的代表，如图 3-22 所示。

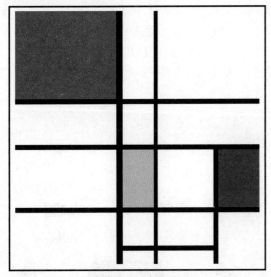

图 3-20　蒙德里安的油画作品

图 3-21　红蓝椅

图 3-22　乌德勒支住宅

当然，风格派的设计更多的是代表了一种造型语言、一种风格和手法，里特维尔德的椅子和住宅设计更像蒙德里安绘画作品的三维图解（见图 3-23），而并非真正出于功能和舒适的考虑。然而，这些构成手法却为功能主义和理性主义建立了物化的语言。

2. 俄国的构成派 (Constructivism)

在风格派出现的同时，俄国也酝酿着一种类似抽象的美学——构成派。他们以表现设计的结构为目的，力图用表现新材料本身特点的空间结构形式作为绘画及雕塑的主题。其作品，特别是雕塑很像工程结构物，因此被称为构成派。

构成派的代表人物有卡西米尔·马列维奇 (Kasimir Malevich，1878—1935 年)、亚历山大·罗德琴科 (Alexander Rodchenko，1891—1956 年)、埃尔·利西茨基 (El Lissitzky，1890—1941 年)

和弗拉基米尔·塔特林 (Vladinir Tatlin，1885—1953 年) 等。马列维奇早在一战之前就借鉴欧洲的立体主义和未来主义的经验，积极发展出一种完全抽象的美学，并将其推广为日常用品设计新的风格基础，从而在实用中建立了一种"经济性"的美学。罗德琴科和利西茨基也是构成派的活跃人物。罗德琴科设计的一些功能性建筑，如报亭和烟摊等，抽象简洁，几乎就是马列维奇绘画的翻版，他的图案和标志设计，基本上也都是几何形的组合。利西茨基的一些设计也体现出同样的设计风格。这种抽象手法的运用，对当时激进的图案设计产生了国际性的影响。此外，罗德琴科和利西茨基共同主持的莫斯科教育学院金属木器车间，则全力以赴探索一种能把生产与设计结合起来的方法，集中力量设计多功能家具的标准类型。罗德琴科 1926 年设计的一些多功能家具 (见图 3-24)，形式简洁、经济合理，反映了注重经济、讲究实效的设计思想。不过，这些设计还只是探索性的实验，并没有考虑到当时物资和设备的缺乏。结果，结构和材料都与现实的生产条件脱节，所建立的美学概念并没有与社会生产条件真正融合起来。

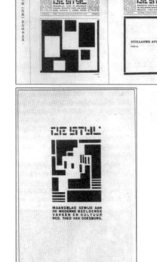
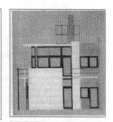

图 3-23　乌德勒支住宅与《风格》杂志封面中作品的对比

图 3-24　罗德琴科设计的棋桌

构成派最有代表性的作品是塔特林设计的第三国际纪念塔。塔特林强调设计与工程的紧密结合，认为设计师并不是艺术家，而是像个无名工人，为社会勾画新的产品。这座虽未建成的纪念塔是为"第三国际"建造的纪念塔方案 (见图 3-25)，隐喻革命的纪念碑。这是一个行动中心，开敞通透的钢架螺旋上升、抽象且富有动感，顶部是一个广播电台，充分反映了他赞美新技术、崇尚工程的美学思想，展现了其构成主义思想，也因此成为构成派最重要的代表作。

可惜的是，构成派的努力并未考虑到当时俄国艰苦的工业条件，后来随着 1932 年斯大林的工业化计划、反对抽象艺术和设计、推崇现实主义为主的社会主义艺术形式以后便停止了。不过，构成派还是像风格派一样为现代主义提供了风格

图 3-25　第三国际纪念塔设计草稿

上的基础和参考。

3. 包豪斯

格罗皮乌斯是德意志制造联盟的成员，他早就认为，必须形成一个新的设计学派来影响工业界，并使艺术家学会直接参与大规模生产，接受现代生产力最有力的方法——机械，为此，1919 年他合并了魏玛市立美术学院与市工艺美术学院，并在德国首都魏玛成立了"国立包豪斯学院"，揭开了包豪斯运动的序幕，标志着工业设计运动在欧洲得以确立。这位刚刚从战场上回来的建筑师早期其实是想建立一种类似于工艺美术运动的行会组织，创造一个具有团队精神和平等思想的理想化的环境，但工业化的进程改变了他的办学理念，学校开始走向理性主义，使用较科学的方式进行艺术与设计教育，强调为大工业生产设计，并最终成为现代设计教育积极的探索者。

格罗皮乌斯的理想是"艺术与技术统一"。他的办学宗旨是"创造一个能使艺术家接受现代化生产最有力的方法：使机器（从最小的工具到最专门的机器）设计与艺术、与大众生活要素及环境构成一体"。这些思想都反映在《包豪斯宣言》中，它强调"设计的目的是人，而不是产品"。创始人格罗皮乌斯在《包豪斯宣言》中就曾指出："艺术不是一种专门职业，艺术家和工艺技师之间在根本上没有任何区别。""让我们建立一个新的设计家组织。在这个组织里，绝对没有那种足以使技师与艺术家之间树立起自大屏障的职业阶层观念。"他还说："我们的指导原则是，认为有艺术性的设计工作，既不是脑力活动，也不是物质生活，而只不过是生活要素的必要组成部分。""包豪斯"的成员们认识到，艺术是与人类丰富的生活休戚相关的，在工业时代，艺术只有与工业相结合才能有更广阔的前途。因此，在格罗皮乌斯等人的推动下，"包豪斯"创立了一套完整的现代化设计教学体系，探索了造型和工业生产两个领域中所有的范围。他们不仅在建筑与产品造型设计的大量实践中摒弃了传统造型的烦琐装饰，而且在材料、结构等因素方面注重发挥其特色，形成了既满足使用要求，又具有新技术与美学性能的设计风格，如格罗皮乌斯设计的包豪斯校舍（见图 3-26）、布劳耶设计的"瓦西里"钢管椅（见图 3-6）等，都是在艺术与工业的结合方面极为重要的尝试。

图 3-26　格罗皮乌斯设计的包豪斯校舍

包豪斯的教学目标是培养一批未来社会的设计者，他们既能认清 20 世纪工业时代的潮流和需要，又具备充分的能力去运用所有科学技术、文化、艺术和美学的资源，创造一个既能满足人类精神需求，又能满足人类物质需求的新环境。因此，他们聘请了当时著名的艺术家如瓦西里·康定斯基 (Wassily Kandinsky, 1866—1944 年)、保罗·克里 (Paul Klee, 1879—1940 年)、约翰伊顿 (Johannes Itten, 1888—1967 年)、拉兹格·莫霍利·纳吉 (László Moholy-Nagy, 1895—1946 年) 等开设绘画基础课，训练学生对平面、立体、色彩和肌理的认识，这些课程到现在仍然是世界各地设计学校的必修课。同时，也聘请了著名的工艺家指导学生在工厂实际操作，通过实行工厂的教学，包豪斯的学生不仅能够掌握建筑设计与工业设计的基本原理与方法，而且能够把设计理论与工作实践相结合，使设计也具有时代精神。此外，包豪斯还注意把教学、实践、展示、销售结合起来，树立整体形象，使这一所最多人数仅 100 多人的学校为世界所瞩目。在 10 余年的时间中，"包豪斯"共培养出 500 多名学生，受到了企业的广泛欢迎，产生了很大的影响。1925 年包豪斯举办的名为"艺术与技术的新统一——包豪斯首次展览会"获得成功。后来，由于传播民主思想，包豪斯受到了纳粹的迫害，于 1933 年 4 月关闭，结束了其 14 年的发展历程。但是"包豪斯"的精神将永存。它不仅推动了现代工业设计事业，而且对发展现代设计教育体系也起到了相当重要的作用，如现代设计基础课（包括平面构成、立体构成、色彩构成、材料学和模型制作）至今仍是工业设计教育的支柱。1937 年，包豪斯杰出的设计师和教育家相继来到了美国，极大地推动了美国的工业设计。

3.1.3 艺术与设计：20 世纪 30 年代的工业设计

以包豪斯为代表的现代设计理论强调忠实于材料，真实地体现产品的功能和结构，并力图用以抽象的几何造型为特征的美学形式来改造社会。但是，消费者的审美情趣和资本主义的商业本质并没有得到重视。尽管包豪斯的思想在 20 世纪 20—30 年代在设计理论界受到推崇，但就两次世界大战之间为大多数人所接受的实际产品而言，现代设计理论并没有产生太大的影响，钢管椅这一类典型的现代设计只是被用作正规公共场合的标准用品，没有受到寻常百姓的普遍欢迎，他们中的大多数更倾向于市场上那些在形式上更富表现力和吸引力的现代流行趣味：艺术装饰风格 (Art Deco) 与流线型风格 (Sreamlining)。

1. 艺术装饰风格

艺术装饰风格一词出自 1925 年法国巴黎举办的国际装饰艺术与现代工业展览会 (Exposition International des Arts Decoratifs et Industriels Modernes)，主要指 20 世纪 20—30 年代流行于法国的一种装饰风格。它涉及家具、玻璃、陶瓷、饰品、绘画、图案和书籍装帧等广泛的设计领域，并扩展到建筑、室内及陈设设计，还对工业设计产生了重要的影响。艺术装饰风格以其富丽和现代感而著称，可以说，它是新艺术运动探索走向商业化新风格的产物。

艺术装饰风格出现在法国并非偶然。20 世纪 20 年代，巴黎所汇集的各种前卫艺术家和艺术活动使巴黎仍然保持着艺术重地的传统地位，同时它还是法国上流社会的汇集之地。由于物质、社会及意识形态的急剧变化已形成一股强大的影响力，并改变着人们的审美趣味，世纪之交的新艺术运动受到越来越普遍的关注，所以新风格的设计必将走向广泛的市场。当时不少设计师开始尝试以更有效的方式寻求一种富丽而新奇的现代形式，使其既能满足富有阶层的奢华需要和猎奇心理，又能利用一般人羡慕财富和豪华的心态使这些形式真正成为一种大众趣味。

艺术装饰风格的形成更有其直接的原因。新艺术运动中以维也纳分离派和英国麦金托什为代表的几何形式风格成为艺术装饰风格简洁式样的先导；立体主义绘画和包豪斯对几何形式的强调也成为其重要的影响因素；与此同时，赴巴黎演出的俄国现代芭蕾舞剧中具有鲜明色彩的服饰以及野兽派富有幻想的艺术手法都成为创造艺术装饰风格的灵感来源；而且，艺术装饰风格还从历史和异国情调中寻求猎奇以满足有闲阶层的心理。1923 年，埃及图坦卡蒙法老墓的发现，再次展现了古埃及的辉煌文明，设计师们便从古埃及的遗产中借鉴绚丽的纹样和色彩用于各种室内和产品设计。

于是，艺术装饰风格在吸收诸多艺术风格的过程中形成了其特有的造型语言：趋于几何又不强调对称，趋于直线又不囿于直线。几何扇形、放射状线条、连续的几何构图、之字形或金字塔式的堆叠造型以及艳丽夺目甚至金碧辉煌的色彩等，如图 3-27 所示。而这些新奇样式又是以贵重金属、宝石或象牙等高档材料表现出来的，因此在这些新奇和时髦中又弥漫着法国由来已久的贵族情调，如图3-28所示。

由于其简洁、规范并趋于几何的造型语言适合于机器生产，同时，塑料、玻璃等廉价新材料大量出现，而且这种式样已成为那个时代所追逐的"摩登(Modern)"口味的同义词。所以，艺术装饰风格在20世纪20年代后期很快就被商业化，流行于广大的产品市场。20世纪30年代，这种风格对欧美尤其是美国和英国产生了很大的影响。它与当年纽约上流社会以及好莱坞汇合，发展成为一种以迷人、豪华、夸张为特点的所谓"爵士摩登"，并为批量生产所采用，波及了20世纪30年代早期从建筑到日常用品的各个方面，成为人们逃避经济大萧条的一剂良方。

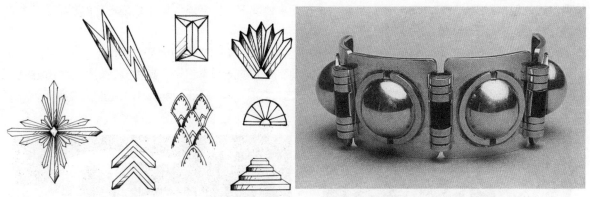

图 3-27   艺术装饰风格常见的造型语言   图 3-28   艺术装饰风格的手镯

艺术装饰风格影响了一系列批量生产的产品的风格。从其形成过程来看，它主要是一种对装饰风格的改革，是现代艺术与巴黎奢华生活相结合的畸形产物，在开始时就有商业主义色彩，因而在许多设计中难免有矫揉造作和哗众取宠之嫌。但是，从另一方面来看，作为新艺术运动寻求新风格的继续并逐步走向商业化的必然过程，它作为象征现代化生活的风格被消费者广泛接受。

2. 流线型风格

流线型原是空气动力学名词，用来描述表面圆滑、线条流畅的物体形状，这种形状能减少物体在高速运动时的风阻。但在工业设计中，它却成了一种象征速度和时代精神的造型语言且广为流传，不但发展成为一种时尚的汽车美学，而且还渗入家用产品领域，影响了从电熨斗、面包机到电冰箱等的外观设计，并形成了20世纪30—40年代最流行的产品风格。流线型风格实质上是一种外在的"式样设计"，它反映了两次世界大战之间美国人对设计的态度，即把产品的外观造型作为促进销售的重要手段。为了达到这个目标，就必须寻找一种迎合大众趣味的风格，流线型由此应运而生，给20世纪30年代处于经济大萧条中的美国人民带来了希望和解脱。

流线型风格的流行也有技术和材料的原因。20世纪30年代，塑料和金属模压成型方法得到广泛应用，而且较大的曲率半径有利于脱模和成型，这就确定了其设计特征，无论是冰箱还是汽车都受其影响。另外，随着单块钢板冲压整体式外壳的技术取代了框架结构，圆滑的外形也取代了棱角分明的外观。

此外，流线型的兴起和美国职业工业设计师的出现也密切相关。第二次世界大战之前，工业设计作为一种正式的职业出现并得到了社会的认可。尽管第一代职业设计师有着不同的教育背景和社会阅历，但他们都是经过激烈的商业竞争而跻身于设计界的。他们的工作使工业设计真正与大工业结合起来，同时也大大推动了设计的实际发展。设计不再是理想主义者的空谈，而是商业竞争的手段。1929年美国华尔街股票市场的崩溃和紧接而来的经济大萧条，在幸存的企业中产生了激烈的竞争压力。当时的国家复兴法案冻结了物价，使厂家无法在价格上进行竞争，而只能在商品的外观质量和实际使用性能上吸引消费者，因此工业设计成了企业生存的必要手段。在这种背景下，一代新的工业设计师出现了，在他们的努力下，工业设计开始被认为是商业活动的一个基本特征。第一代美国工业设计师大多是流线型风格的积极倡导者，他们的许多设计都带有明显的流线型风格，从而推动了流线型风格的流行。如罗维的产品设计虽然种类繁多，但大多带有流线型风格的特点。1937 年他为宾夕法尼亚铁路公司设计的 K45/S-1 型机车便是一件典型的流线型作品，车头采用纺锤状造型，不但减少了风阻，而且给人一种象征高速运动的现代感，如图 3-29 所示。

但是，流线型风格与艺术装饰风格不同，它的起源不是艺术运动，而是空气动力学实验。有些流线型设计，如汽车、火车、飞机等交通工具是有一定的科学基础的。但在富有想象力的美国设计师手中，不少流线型设计完全是由于它的象征意义，而无功能上的含义。表示速度的形式被用到了静止的物品上，体现了流线型作为现代化符号的强大象征作用。在很多情况下，即使流线型不表现产品的功能，它也不会损害产品的功能，因而流线型风格变得极为时髦。

当然，美国式流线型风格的影响并不局限于美国，它作为美国文化的象征，通过出版物、电影等形象化的传播媒介而流传到世界各地。在欧洲，也出现了卓越的流线型设计，其中最有代表性的是由德国设计师费迪南德波尔舍 (Ferdinand Porsche，1875—1951 年) 设计的酷似甲壳虫的大众牌小汽车，如图 3-30 所示。

图 3-29　宾夕法尼亚铁路公司 K45/S-1 型机车　　　　图 3-30　波尔舍于 1936—1937 年设计的大众牌小汽车

流线型作为一种风格是独特的，它主要源于科学研究和工业生产的条件而不是美学理论。新的时代需要新的形式和新的象征，与包豪斯刻板的几何形式相比，流线型毕竟易于理解和接受，这也许是它得以广为流行的重要原因之一。

流线型不仅由 20 世纪 30 年代一直流行到战后初期，而且在 20 世纪 80 年代后期又卷土重来，影响至今，使汽车、家用电器乃至高科技的电脑设计都带有明显的流线韵味。

3.1.4　设计与功能：20 世纪 40—50 年代的工业设计

1939 年，第二次世界大战导致了消费物品设计文化的暂时停滞。以前投在消费物品设计上的人力和物力都转向了为炮弹工厂、为枪支、为世界战争的交通设施以及其他军事器械的设计。以前生产家具的工厂现在生产起战斗机，布匹这时用来制作降落伞和军服。在战争的环境里，持续到 20 世纪 30 年代相当有意义的设计讨论这时也告一段落。只有在一些特殊的情况下才允许设计师工作。在这种情况下，画图纸的设计师被命令制作宣传材料，另一小批设计师被要求设计军事武器和机械。例如美国家具设计家查尔斯·伊姆斯 (Charles Eames，1907—1978 年) 负责设计胶合板做的夹板，用以挽救负伤战士的生命。

然而，唯一的设计实验确是在战争中的英国进行的。1941 年温斯顿·丘吉尔 (Winston Churchill，1874—1965 年) 制订了一个称为实用主义 (Utility) 的计划。就是设计出一个消费品的限制范围，包括餐具、衣物、收音机和家具。实用主义设计意味着给每个人相同的选择，按严格控制的定量计划消费。对英国来说，这是一个很特别的社会实验，只有在战争的压力下才会运用实用主义设计。这意味着像诺曼·哈特内尔 (Norman Hartnell，1901—1979 年) 这样的高级时装设计大师每天为普通妇女设计时装，而高登·拉瑟尔 (Gordon Russel，1892—1980 年) 则制作家具。

1945 年，战争留下的是一片荒废和耗竭，关键企业破产倒闭。除北美和澳大利亚保持完好外，其他国家都陷入了困境中。为了帮助恢复经济，美国提出了"马歇尔计划"，不仅向同盟国提供资金和技术上的帮助，而且还向战败的德国、日本同样提供援助。在这些恢复经济的计划中，关键的战略是设计，它在增加出口、促进贸易和生产中都发挥了重要作用。如英国成立了工业设计委员会，以这种政府机构去提高公众和工业设计。直到现在这个设计委员会还在这一阵线上发挥着重要作用。其他国家纷纷仿效英国：例如 1950 年德国成立了一个设计组织，称为 Rat fur Formgebung；1954 年日本组织了"日本工业设计者联盟"。各国政府开始恢复设计展览以及国内外设计技术贸易交易会，如"米兰设计节""英国设计节""芬兰设计节"等。新闻媒介出版物及广播宣传部门也开始注意设计业，国际上设计业多年来无以施展，现在机会来了，便迫不及待地加入到世界的重建中去。

20 世纪 50 年代，受战争的影响，人们还处于物质短缺和定量配给的状态，此时设计观念却发生了全新的变化，这几乎不令人感到惊奇。人们把变化后的设计称为"当代风格"，它不仅是一种新设计风格，更代表着未来的图景。

战争给人们留下共同的目的和事业，这就是重建未来。所以，"当代风格"并不是一种时髦的设计风格，而是实实在在为人们设计各种东西。在战后几年，大家都认为现代设计应该没有阶层之分，它应该同时适合于富裕家庭和普通工人家庭。设计家、消费者和政府共有一个重要的设计观念，例如英国设计委员会用"当代风格"设计装修设计展览厅，以证明它的优越性和花费低廉。尽管这种设计的理想主义偏离了 20 世纪 50 年代的基本风格，但是设计业一致认为：设计对社会发展有着很重要的作用。设计形势最基本的变化发生在战后 50 年代经济的迅速好转时期。设计不仅对美国具有重大意义，而且也促动了欧洲和日本 20 世纪 50 年代末经济的发展。全世界设计师的任务是为战后的家庭设计用品，这些用品要求达到灵活、简洁的效果，例如隔开房间用的屏风、可改装的沙发床等。同时，市场上还大量需求小汽车、摩托车，以及包括冰箱、炊具、收音机和电视机等在内的其他消费商品。经济的繁荣不仅给设计师提供了大量施展才华的机会，而且激励了生产者重整旗鼓的信心，他们相信现代设计的产品一定会有销路。

20 世纪 50 年代的新风格也称为"有机设计"，因为它的形势有一些借鉴于美术发展，如雕塑家亨利·摩尔 (Henry Moore，1898-1986 年)、亚历山大·考尔德 (Alexander Calder，1898—1976 年) 和让·阿普 (Jean Arp，1887—1966 年)，还有画家克里等，他们的风格对设计都产生了很大的影响。这些"当代风格"的成分表现在设计上，使沙发、烟灰缸、收音电唱两用机等物品呈现出各式各样、丰富多彩的局面。马塞罗·尼佐里 (Macello Nizzoli，1887—1969 年) 设计的米里拉牌缝纫机便与摩尔的雕塑作品有着异曲同工之妙，体现着有机形态的风格，如图 3-31 所示。

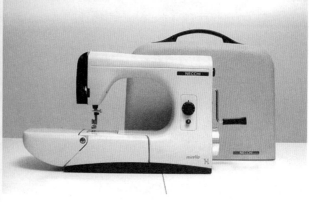

图 3-31　有机形态的雕塑和设计

20 世纪 50 年代设计的另一个重要的变化是重新出现明亮的色彩和粗犷的构图，这是对战争带来的物质短缺、定量供给以及各种束缚限制的自然反应。消费者在餐具和室内颜色与构图的选择上也变得大胆而具有冒险性。这个时代的颜色，热烈的粉红色、深橙色、天蓝色和嫩黄色一起走进了战后人们的家庭，墙纸、织品、地毯都采用这一类色彩。

肌理是另一个重要主题。典型的 50 年代家庭不仅以明亮的颜色为特征，而且还使用各种肌理不一的材料，例如把自然木和砖石结合起来。家具表面很讲究触觉效果，利用先进技术诸如冷却和酸腐蚀，加上刻、雕以及印的各种图案，触觉效果的确大不一样。再者，抽象绘画和表现主义绘画对设计者的影响也很大。

另外，科学的作用以及战后新的审美和新技术也有不可忽略的重要作用。20 世纪 50 年代是原子弹和人造卫星的年代，展现在人们面前的崭新的未来景象深深打动了设计家们。这种对技术新的态度促进了两个发展：一是工业生产过程中采用了新材料和新技术。1942 年聚乙烯、聚酯和后来聚丙烯的发现进一步拓展了塑料在设计中的应用。胶合板也是战争期间获得巨大发展的有趣例子。同时市场出现了涤纶等人造纤维。二是设计从科学中吸取营养得到动力。原子、化学、宇宙探索和分子构成启发了设计家们，他们把由此得到的想象吸收到 50 年代的装饰语言中，结晶体的图案和分子构成图案都被设计家运用到设计中。宇宙探索是另一个重要主题。1957 年苏联人发射了第一、二号人造卫星，于是火箭形象就在设计图上和织品上广泛传播。人们对太空旅游抱有普遍的幻想，无论它是否真实。

为什么设计在战前和战后的这段时间，经历了一个无市场阶段？一个重要原因是：重要的设计国家之间的实力均衡发生了偏斜。20 世纪初支配国际设计局面的国家如法国和德国，到 50 年代逐渐被意大利、美国和斯堪的纳维亚国家替代了。

意大利成为设计界的先锋和改革者，令人颇为惊奇。早在 20 世纪初期，意大利的工业发展缓慢。战争年间法西斯运动企图实现国家现代化，鼓励工业和新工业产品的发展，像电车、火车、小汽车等。然而家具、玻璃器皿、陶器这一类传统工艺的生产方法依然照旧如初。战后国家破损不堪，几乎耗竭了全部物力，但是到 40 年代末，政府下决心要重整国家，这一时期被称为重建时期。推翻了法西斯主义，设计师得到了解放，他们把设计当作新意大利民主主义的表达，当作反对那种支持独裁政治的形式主义风格的一次机会。不到十年的时间，意大利一跃成为现代工业国家，能够和法国、德国相媲美。更令人感兴趣的是：有特色的意大利商品和产品几乎瞬间便占领了世界市场。意大利设计十分现代，它的设计家走上了一条新道路。设计师卡洛·莫里诺 (Carlo Mollino，1905—1973 年) 和吉奥·庞蒂 (Gio Ponti，1891—1979 年) 等为意大利新设计的特展，不仅展示出意大利人的设计潮流和信心，而且还鼓励同行之间进行激烈的讨论。这一切都大大丰富了意大利的设计。

到 20 世纪 50 年代末，一种重新认识的意大利设计方法在时装和电影艺术上取得成功，并且把一些专用的设计标志介绍给消费者，例如 1946 年科拉迪·阿斯卡里奥 (Corradino d`Ascanio，1891—1981 年) 为比亚乔 (Piaggio) 公司设计的维斯帕摩托车 (见图 3-32)、尼佐里为奥利维蒂 (Olivetti) 设计的打字机 (见图 3-33)。

斯堪的纳维亚是欧洲另一个在设计上很有实力的地区。瑞典、丹麦、芬兰 20 世纪 50 年代就在考虑把斯堪的纳维亚独有的设计推向市场。这个策略很成功，推广近十年后斯堪的纳维亚风格便成为 20 世纪 50 年代家庭风格的典范。它的特征是设计简朴、功能性好且每个人都能买得起。他们的成就在战前就有很深的根基，例如 1930 年斯德哥尔摩展览会上，布鲁·马特逊 (Bruno Mathsson，1907—1988 年)(其作品见图 3-34) 和约瑟夫·弗兰克 (Josef Franck，1885—1967 年) 设计的瑞典家具，还有古纳·阿斯普伦德 (Gunnar Asplund，1885—1940 年) 的建筑都给世界设计界留下了深刻的印象。现在，人本主义者把现代主义的观点和战后新的表现色彩及根本形式等各因素又都联系了起来。

图 3-32　维斯珀摩托车　　　　　　　　　　　　　　图 3-33　奥利维蒂 Lettera 22 打字机

20 世纪 50 年代期间，斯堪的纳维亚设计形成了自己的风格，从玻璃器皿上可以看出它们的特点和精湛之处，而且织品和陶器也独树一帜。在家具领域，丹麦家具设计的创新以及质量也都一直走在前列。著名的设计家芬·尤尔(Finn Juhl，1912—1989 年) 设计出的家具有雕塑感的形式(见图 3-35)。安恩·雅各布森 (Arne Jacobusen，1902—1971 年) 设计的"蚁椅"(见图 3-36)，是 20 世纪 50 年代最成功的成批生产的椅子。雅各布森把形式和新技术结合起来，创造了一系列第一流的设计，包括"蛋椅"(见图 3-37) 和"天鹅椅"(见图 3-38)。这些椅子采用纤维玻璃，加垫乳胶泡沫，并用维尼龙布或毛织物盖在上面。

图 3-34　马特逊 1936 年设计的扶手椅　　　　　　　图 3-35　尤尔设计的 Chieftains Chair

图 3-36　蚁椅

图 3-37　蛋椅　　　　　　　　　　　　　　　　　　图 3-38　天鹅椅

　　芬兰在一系列应用艺术上也大胆进行实践，并最终引起了全世界的关注，其中塔皮奥·维卡拉(Tapio Wirkkala，1915—1985 年)的玻璃设计（见图 3-39)可谓典型。他钻研自然主义，从中吸取营养。事实上，斯堪的纳维亚设计师几乎控制了 50 年代的设计，以至没有哪一个高档家庭会没有丹麦的椅子或瑞典的地毯。

　　20 世纪 50 年代美国的设计也很突出。尽管美国也卷入了战争，但它没有受到欧洲那样大的创伤，所以到 50 年代，美国成为世界经济和政治大国。从 1954 年到 1964 年，美国十分繁荣发达，在各种消费商品、工业设计和生产上，都占据着世界的领导地位。20 世纪 50 年代期间，它为美国的工业设计开拓了两个重要领域。第一个是建筑和家具领域，和欧洲的设计比起来，它算是当代风格了。在设计革新上，诺尔公司(Knoll)和米勒公司(Herman Miller)占了主导地位。它们对产品的功能、结构、材料重新审视，可算是当代设计中的先驱者，技术革新是其产品的重要特征。诺尔公司最有影响的设计家是哈里·伯托亚(Harry Bertoia，1915—1978 年)，他设计了著名的钻石椅，用弯曲的线绕成一个个格子制成（见图 3-40)。野口勇(Isamu Noguchi，1904—1988 年)和艾罗·萨里宁(Eero Saarinen，1910—1961 年)设计了一种可以用模子铸的塑料"郁金香椅"（见图 3-41)。在这期间，乔治·尼尔森(Gorge Nelson，1908—1986 年)是米勒公司的设计负责人。他手下一个著名的设计师伊姆斯，设计了大量可用模子铸的胶合板和塑料家具，并且把它们先后投入生产，如图 3-42 所示。

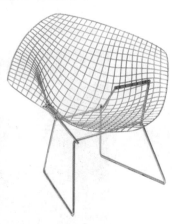

图 3-39　维卡拉设计的玻璃花瓶　　　　　　　　　　图 3-40　钻石椅

图 3-41　郁金香椅　　　　　　　　　　　　图 3-42　伊姆斯设计的安乐椅和垫脚凳

同时，为了适应这种世界上最先进的大众消费文化，美国崛起了一系列重要的设计发明。这些设计发明非常有特点，像把车开入并在车内观看电影的电影院、麦当劳、迪士尼乐园、电视和青少年的电影、音乐等。这种迎合消费者的设计，无论在形式上还是细节上，都是最奢侈的，它是这个国家雄厚实力的显现。20 世纪 50 年代，流行文化在美国汽车上体现得最持久。最著名的设计是厄尔为通用汽车所做的诸多创作，对凯迪拉克 (Cadillac) 车（见图 3-43) 和别克车，他慷慨地使用铬黄的尾鳍，并且在很多细节上模仿火箭和喷射式。

20 世纪 50 年代美国的设计和欧洲当代设计很少有相同之处。它是消费者的庆典设计，确实相当鼓舞人心。然而到了 50 年代末期，这些设计面临着一个新的挑战，另一种异样的文化力量已经开始滋长，即波普文化。

图 3-43　厄尔设计的凯迪拉克车

3.1.5　设计与文化：20 世纪 60 年代以来的工业设计

20 世纪 60 年代以来，工业设计发展的一个重要特征是设计理念和设计风格的多元化。在 50 年代，以功能主义为信条的现代主义占据统治地位；进入 60 年代以后，随着社会经济条件的变化，又适逢几位现代主义大师的相继去世，新一代的设计师开始向功能主义发出挑战，这成为工业设计走向多元化的起点。

功能主义的危机主要在于它在很多方面与资本主义经济体制鼓励消费、追求标新立异的特点是相背离的。另外，在一个不断发展和变化的社会中，试图保持唯一正统的设计评价标准是很困难的。此外，科学技术的发展也对工业设计的发展产生了重大的影响。随着电子技术的兴起，在 20 世纪 60—70 年代出现了急速的产品小型化浪潮，使许多产品能以很小的尺寸来完成先进的功能，这样设计师在产品外观造型上就有了更大的变化空间和余地。而且，由于电子线路的功能是看不见的，并没有与生俱来的形式，人们无法仅从外观上去判断电子产品的内部功能，因此，现代主义所推崇的"形式追随功能 (Form Follows Function)"的信条在电子时代就失去了意义。这就要求设计师综合传统、美学和人机工程学等方面的知识，更多地考虑文化、心理以及人机关系等因素，而不仅仅是考虑产品的使用功能，从而将高技术与高情感结合起来。同时，市场的变化也促进了工业设计多元化的发展。从 20 世纪 60 年代开始，均匀的市场开始消失，后工业社会是以各种各样的市场同时并存为特征的。这些市场反映了不同文化群体的需求，每个群体都有其特定的行为、语言、时尚和传统，都有各自不同的消费需求。工业设计必须以多样化的战略来应付这种局面，并向产品注入新的、强烈的文化因素。另一方面，工业生产中的自动化，特别是计算机辅助设计和计算机辅助制造大大增加了生产的灵活性，能够做到小批量、多样化。

在这种设计的强烈文化性和设计多元化的繁荣中，既有稳健的主流，也有先锋的试验，还有向后看的复古。从总体上看，以现代主义基本原则为基础的设计流派仍然是工业设计的主流，但它们对现代主义的某些部分进行了夸大、突出、补充和变化。

1. 理性主义 (Rationalism)

在设计多元化的浪潮中，以设计科学为基础的理性主义依旧占据着主导地位。它强调设计是一项集体的活动，强调对设计过程的理性分析，而不追求任何表面的个人风格。它试图为设计确立一种科学的、系统的理论，即所谓的设计科学来指导设计，从而减少设计中的主观意识。此处所说的设计科学实际上是几门学科的综合，它涉及心理学、生理学、人机工程学、医学、工业工程等，体现了对技术因素的重视和对消费者更加自觉的关怀。

随着技术越来越复杂，对设计的要求也越来越专业化，产品的设计不再是一个人的工作，而是由多学科专家组成的设计队伍来完成。国际上一些大公司也纷纷建立自己的设计部门，并按一定的程序以集体合作的形式来完成产品的设计，这样个人风格就很难体现在产品的最终形式上。此外，随着设计管理的发展，许多企业都建立了长期的设计政策，要求企业的产品必须纳入公司设计管理的框架之内，以保持设计的连续性，这些都推动了理性主义设计的发展。如荷兰的飞利浦公司、日本的索尼公司、德国的布劳恩公司等。

同时，这种理性主义的设计改变了许多电器产品的形式。20 世纪 60 年代末以来，电器产品常常表现为黑色的塑料方盒子，外观细节减少到最低限度，看上去毫不起眼。在操作和显示的设计上，也尽量减少信息密度，有时表面连一个按钮都没有。

2. 高技术风格 (High-Tech)

20 世纪 60 年代后，随着科学技术的发展，在工业设计领域兴起了一种影响十分广泛的设计风格——高技术风格。高技术风格不仅在设计中采用高新技术，而且在美学上鼓吹表现新技术，如图 3-44 所示。

高技术风格的发展是与 20 世纪 50 年代末以电子工业为代表的高科技迅速发展分不开的。此外，意大利未来派、俄国构成主义乃至现代主义中的柯布西耶、日本新陈代谢派 (Metabolism) 的著作与作品等都是高科技风格的来源。科学技术的进步不仅影响了整个社会生产的发展，还强烈地影响了人们的思想。高技术风格正是在这种背景下产生的。20 世纪 60 年代法国设计师奥里弗·莫尔吉 (Oliver Mourgue, 1939 年—) 为著名科幻电影《2001 年，宇宙奥德赛》设计了影片中的布景，他制作了一系列形状古怪的家具和科学实验室场景，影响很大，如图 3-45 所示。当时各种科幻连环画也充满了所谓宇宙时代到处都是按钮、仪表的室内设计图

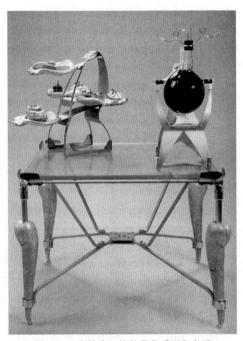

图 3-44　高技术风格的茶具系列和桌子

片。这些大众传媒推动了高技术风格的普及，连一些厨房也被设计成科学实验室的式样，厨具、炊具也都布满了各种开关和指示灯。

工业设计上的高科技风格是从祖安·克朗 (Joan Kron, 1928 年—) 和苏珊·斯莱辛 (Susan Slesin)1978 年的著作《高科技》(High Tech) 中产生的，这种风格通常把工业环境中的技术特征引入工业设计中，运用高科技的技术结构，达到具有工业化象征性的特点，也就是把现代主义设计中的功能性、技术性的成分提炼出来，加以夸张处理形成一种视觉符号。反映在作品上往往是高度工程化的，具有强烈的几何化秩序。

图 3-45 《2001，宇宙奥德赛》场景

在家用电器，特别是电子类电器的设计中，高技术风格尤为突出，其主要特点是强调技术信息的密集，面板上密布繁多的控制键和显示仪表。造型上多采用方块和直线，色彩仅用黑色和白色。这样就使家用电器产品看上去像一台高度专业水平的科技仪器，以满足一部分人向往高技术的心理，如图 3-46 所示。

另一位著名的具有高科技风格的设计师是理查德·萨帕 (Richard Sapper,1932 年—)。萨帕出生在德国，但他的大部分设计作品都是在意大利展开的。他一贯主张运用理性的思维，将技术运用于日常生活。Tizio 灯具是典型的萨帕风格作品，冷静的色彩、高科技的造型语言呈现了理性优雅的外观，1979 年获得金圆规奖，如图 3-47 所示。同样，萨帕为阿莱西设计的自鸣水壶也把高科技风格与后现代主义手法结合在一起，独具美感，如图 3-48 所示。

图 3-46 罗维 20 世纪 50 年代设计的收音机

图 3-47 Tizio 台灯 (1972 年)

高技术风格在 20 世纪 60—70 年代曾风行一时，并一直波及 70—80 年代。但是高技术风格由于过度重视技术和时代的体现，把装饰压到了最低限度，因而显得冷漠而缺乏人情味，常常招致非议。因此，20 世纪 80 年代中期，还出现了一种所谓"软高技"的设计风格。一些设计师开始致力于创造出更富有表现力和更有趣味的设计语言来取代纯技术的体现，设计开始由高技术走向高情趣。这种风格在处理手法上，要么用色大胆、选材亲切、线条流畅，一改高科技的冷漠疏离，要么故意让人不易亲近，带有明

显的讽刺挖苦，因此也被称为"高情感"设计风格，如朗·阿拉德 (Ron Arad，1958 年一) 的"好脾气"钢板椅 (见图 3-49) 和 Little Heavy 椅。

图 3-48　9091 型自鸣水壶 (1983 年)

图 3-49　"好脾气"钢板椅 (1986 年)

3. 波普风格

波普风格又称流行风格，它代表着 20 世纪 60 年代工业设计追求形式上的异化及娱乐化的表现主义倾向。

当时的波普设计主要来自两方面的努力：一方面是思想敏锐、勇于反叛和敢于创新的设计师或刚从艺术及设计院校毕业的学生；另一方面是一些敏感于消费社会种种变化的零售商店店主、企业家和制造商。波普设计的最大特点是采用现实生活中从绘画到普遍日常用品的任何视觉元素作为象征主题，把夸张、变形的手法运用到产品式样的设计中。这些产品形象诙谐、轻松，常常使用象征型图案达到最引人瞩目的效果，色彩艳俗夺目，强调色彩和图案的平面效果，忽视三维，摆脱一切正统的和强调实用性的外在形式，表现出强烈的通俗、乐观和可消费性，象征着一种时髦口味和反正统的生活方式。波普设计的传播非常广泛，在广告、招贴以及包装设计上的表现是最为直接和显著的。20 世纪 60 年代，英国的市场上开始出现一些波普家具，它们大多数是设计师个人的尝试，如彼得·穆多什 (Peter Murdoth，1958 年一) 设计的儿童"花斑纸椅"（ 见图 3-50)，表现了类似糖纸一般的被废弃的材料在家具中的使用，廉价、轻松；一些商店的室内也出现了波普家具，食品陈列柜被做成巨型罐头的式样，使商店轻松、诙谐又极富商业气息。在这里，现代主义的"形式追随功能"的信条被一种完全不同的滑稽的和可消费性的手法所取代。

波普设计完全是式样的设计，它试图彻底背叛现代主义思想所倡导的严肃、正统的"优良设计"，为消费社会建立一种新的产品意象，即"梦想起来是有趣的、制造起来是廉价的，而当横溢的情趣开始消退时，又是易于丢弃的"。20 世纪 60年代后期，波普设计带上了强烈的新艺术和艺术装饰复兴的意味。它是西方世界经济高度发展的产物，表现出了极其明显的乐观主义和追求消费的情绪，然而其设计

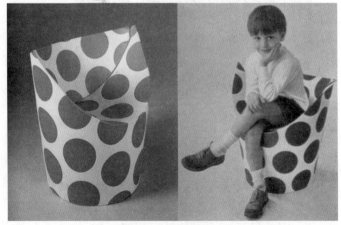

图 3-50　儿童花斑纸椅

本身却因荒诞又玩世不恭并未对市场产生深刻的影响。

进入 20 世纪 70 年代,随着资本主义世界经济的衰退,波普设计也成为历史。

4. 后现代主义

后现代主义是旨在反抗现代主义纯而又纯的方法论的一场运动,它广泛地体现于文学、哲学、批评理论、建筑及设计领域中,所谓"后现代"并不是指时间上处于"现代"之后,而是针对艺术风格的发展演变而言的。它源于 20 世纪 60 年代,在 20 世纪 70—80 年代的建筑界与设计界掀起了轩然大波。

后现代主义鼓吹一种复杂的、含混的、折中的、象征主义的和历史主义的设计,其设计表现的源泉中既有光怪陆离的、五光十色的世俗文化,又有各种各样的历史风格,以简化、变形、夸张的手法来借鉴历史建筑的部件和装饰。后现代主义的发言人罗伯特·斯特恩 (Robert A. M. Stern,1939年一) 把后现代主义的主要特征归纳为:文脉主义 (Contextualism)、隐喻主义 (Allusionalism) 和装饰主义 (Ornamentalism),强调设计的历史文化内涵与环境的关系,并把装饰作为设计中不可分割的部分。

与现代主义的建筑师一样,后现代主义的建筑师也乐意充当设计师的角色,他们的设计作品对工业设计界的后现代主义起到了推波助澜的作用,并且使后现代主义的家具和其他产品的设计带上了浓重的后现代主义建筑气息。1971 年意大利"工作室 65"设计师小组为古弗拉蒙公司设计的一只模压发泡成型的椅子,就采用了古典的爱奥尼克柱式,展示了古典主义与波普风格的融合 (见图 3-51)。1979—1983 年间,文丘里受意大利阿莱西 (ALESSI) 公司之邀设计了一套咖啡具 (见图 3-52),这套咖啡具融合了不同时代的设计特征,以体现后现代主义所宣扬的"复杂性"。1984 年,他又为先前美国现代主义设计的中心——诺尔公司设计了一套包括 9 种历史风格的椅子 (见图 3-10),椅子采用层积木模压成型,表面饰有怪异的色彩和纹样,靠背上的镂空图案以一种诙谐的手法使人联想到某一历史样式。1985 年,迈克尔·格雷夫斯 (Michael Graves,1934—2015 年) 为阿莱西公司设计了一种自鸣式不锈钢水壶 (见图 3-53),为了强调幽默感,他将壶嘴的自鸣哨做成小鸟式样。意大利著名建筑师阿尔多·罗西 (Aldo Rossi,1931—1997 年) 也为阿莱西公司设计了一些"微型建筑式"的银质咖啡具 (见图 3-54)。这些建筑师的设计都体现了后现代主义的一些基本特征,即强调设计的隐喻意义,通过借用历史风格来增加设计的文化内涵,同时又反映出一种幽默与风趣之感,唯独功能上的要求被忽视了。

图 3-51 工作室 65 设计小组设计的椅子　　　图 3-52 文丘里 1984 年为阿莱西公司设计的咖啡具

后现代主义在工业设计界最有影响的组织是意大利"孟菲斯"(Memphis) 集团。它成立于 1980 年12 月,由著名设计师索特萨斯和 7 名年轻设计师组成。孟菲斯原是埃及的一个古城,也是美国一个以摇滚乐而著名的城市。设计集团以此为名含有将传统文化与流行文化相结合的意思。"孟菲斯"成立后,队伍逐渐扩大,除意大利外,还有美国、奥地利、西班牙以及日本等国的设计师参加。1981 年 9 月,"孟菲斯"在米兰举行了一次设计展览,使国际设计界大为震惊。"孟菲斯"反对一切固有观念,反对将生活铸成固定模式。他们认为功能不是绝对的，而是有生命的、发展的，是产品与生活之间的一种可能的关系。所以功能不只是物质的，也是文化的、精神的。产品不仅要有使用价值，更要表达一种特定的文化内涵，使设计成为某一文化系统的隐喻或符号。"孟菲斯"的设计都尽力去表现各种富于个性的文化意义，表达了从天真、滑稽直到怪诞、离奇等不同的情趣，也派生出关于材料、装饰及色彩等方面的一系列新观念。

图 3-53　自鸣式水壶

　　"孟菲斯"的设计不少是家具一类的家用产品，其材料大多是纤维材料、塑料一类廉价的材料，表面饰有抽象的图案，而且布满整个产品表面。色彩上常常故意打破配色的常规，喜欢用一些明快、风趣、彩度高的明亮色调，特别是跟波普风格类似的粉红、粉绿之类艳俗的色彩。1981 年索特萨斯设计的一件博古架便是"孟菲斯"设计的典型（见图 3-55）。这些设计与现代主义的"优良设计"趣味大相径庭，因而又被称为"反设计"。

　　"孟菲斯"的设计在很大程度上都是试验性的，多作为博物馆的藏品。但它们对工业设计和理论界产生了具体的影响，给人们以新的启迪。许多关于色彩、装饰和表现的语言为意大利的设计产品所采用，使意大利的设计在 20 世纪 80 年代获得了极高的声誉。

图 3-54　罗西于 1981 年为阿莱西公司设计的银质咖啡具

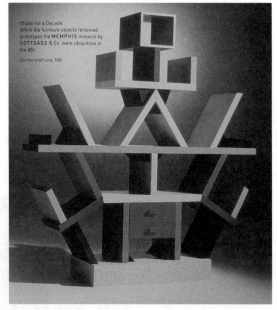

图 3-55　索特萨斯 1981 年设计的博古架

5. 绿色设计

　　进入 20 世纪 90 年代以后，设计风格上的花样翻新似乎已经走到了尽头，后现代主义逐渐式微，解构主义（Post-structurism）也曲高和寡，工业设计亟须理论上的突破。于是，不少设计师转向从深层次上探索工业设计与人类可持续发展的关系，力图通过设计活动，在"人—产品—环境"之间建立起一种协调发展的机制，这标志着工业设计发展的又一次重大转变。

　　绿色设计的概念应运而生，并成为当前工业设计发展的主要趋势之一。

　　绿色设计源于人们对于现代技术文化所引起的环境及生态破坏的反思，体现了设计师的道德和社会责任心的回归。在很长一段时间内，工业化设计在为人类创造了现代生活方式和生活环境的同时，也加速了资源和能源的消耗，并对地球的生态平衡造成了巨大的破坏。特别是工业设计的过度商业化，使设计成了鼓励人们无节制消费的重要手段。20 世纪 50 年代美国的"有计划商品废止制"就是这种现象的极端表现，因而招致了许多批评和责难，设计师们不得不重新思考工业设计的职责和作用。

绿色设计着眼于人与自然的生态平衡关系，在设计过程的每一个决策中都充分考虑到环境效益，尽量减少对环境的破坏。对于工业设计而言，绿色设计的核心是 Reduce、Recycle 和 Reuse，它强调设计不仅要尽量减少物质和能源的消耗，还要减少有害物质的排放，而且要使产品及零部件能够方便地回收再生循环或重新利用。绿色设计不仅是一种技术层面的考虑，更重要的是一种观念上的变革，要求设计师放弃那种过分强调产品在外观上标新立异的做法，而将重点放在真正意义的创新上，以一种更为负责的方式去创造产品的形态，用更简洁、长久的造型使产品尽可能地延长使用寿命。

20 世纪 80 年代开始出现的极少主义便是绿色设计的体现。它追求极端简单，将产品造型简化到极致，从而尽量减少无谓的材料消耗，并重视再生材料的使用，从而创造了一种全新的设计美学。

3.2　工业设计的地域性

自然地域的差异是造成不同地域的生活习惯和民族文化风格的基础。为适应不同地域下的生活，人们势必会逐渐形成适合自己生活条件的生存信仰、生活价值观等，并且由此逐渐发展起来的经济文化的诸多因素会左右对产品的选择。同时，工业化生产带来了一致的廉价的实用产品，但人们已经不再单单满足于千篇一律的面孔。地域性给设计师们带来挑战的同时也给设计师们带来了更多展示自我的机会，让设计的世界变得流光溢彩。尽管经济文化越来越开放，设计的地域性带来的差异在逐渐缩小，但对于设计而言，历史、文化、经济、环境等因素仍旧会产生一定影响。于是，时代发展的时间过程使这些因素得以联合作用，于是产生了不同地域的不同特点、风格。

在《世界是平的：21 世纪简史》一书中，美国作家托马斯·弗里德曼(Thomas L. Friedman，1953 年—) 将全球化划分为三个阶段："全球 1.0"主要是国家间融合和全球化，开始于 1492 年哥伦布发现"新大陆"之时，持续到 1800 年前后，是劳动力推动着这一阶段的全球化进程，这期间世界从大变为中等。"全球 2.0"是公司之间的融合，从 1800 年一直到 2000 年，各种硬件的发明和革新成为这次全球化的主要推动力——从蒸汽船、铁路到电话和计算机的普及，这期间世界从中等变小，但期间也曾因大萧条和两次世界大战而被迫中断。而在"全球 3.0"中，个人成为主角，肤色或东西方的文化差异不再是合作或竞争的障碍。软件的不断创新和网络的普及，让世界各地的人们可以通过网络轻松实现自己的社会分工。新一波的全球化，正在抹平一切疆界，世界变平了，从小缩成了微小。

不过，即使在"全球 3.0"的背景下，各国之间的文化差异依然存在，并表现为不同的设计风格。这与不同国家和地区的历史文化、哲学思想、政治经济以及地理条件都息息相关，如日本设计带有明显的岛国痕迹、德国设计具有鲜明的理性主义和功能主义、斯堪的纳维亚设计则强调手工艺传统赋予现代科技的人文主义，而美国汽车的发展和它横贯东西的大陆交通线是分不开的。很多设计流派的形成更是立足于本地的文化特色，如维也纳分离派和先锋派等。

德国是工业设计运动的摇篮，包豪斯学校的设计和教学实践不仅培养出一大批设计力量，而且形成了一种设计文化的传统，这是一种把科技进步与设计实践密切联系起来的观念。1953 年 5 月 18 日在芝加哥为祝贺格罗皮乌斯 70 寿辰举行的大会上，米斯讲话指出："包豪斯是一种观念。我确信，包豪斯给予世界上每一个进步学派以巨大影响的原因，只有从下面这一事实中来寻找：即它是一种观念，这样一种共鸣不可能依靠组织或宣传的力量来达到，只有一种观念才具有如此广泛传播的力量。"

德国是汽车的诞生地，在普及汽车的社会应用方面，著名汽车设计师波尔舍于 1937 年向政府提出了推广大众汽车，使每个家庭拥有自己汽车的建议，并设计试制了著名的甲壳虫汽车。由于该车性能优越而价格低廉，一直延续生产到六七十年代，产量居世界之冠。

1950 年乌尔姆设计学院成立，该校以发扬包豪斯传统为己任，后来在教学上减少了纯艺术内容，而增加了现代科学内容。该学院与德国布劳恩公司在产品设计上进行了成功的合作，迪特·拉姆斯（Dieter Rams，1932 年—）与汉斯·古格洛特（Hans Gugelot，1920—1965 年）于 1956 年设计的收音机及唱机组合——白色公主之匣（见图 3-56）便体现了布劳恩公司所确立的优秀设计的概念，其中包括如下。

图 3-56　布劳恩公司收音机及唱机组合

(1) 完美地实现其使用价值，直到每一处细部的处理。

(2) 遵循秩序化原理。

(3) 优先采用简化形式。

(4) 赋予产品一种均衡的、不刺眼的、中性的审美特质，从而取得独特性。

这些原则体现了德国传统的注重理性和功能的设计思想和模式，形成了严谨有序、一丝不苟的风格特征。在这种设计思想指导下，德国工业产品一贯以质量优异著称，以至"德国制造"几乎成了优良产品的代名词。

美国依靠市场机制实现了工业设计的普及和商业化。1929 年的世界经济危机导致第一代工业设计师的独立经营，他们都留下了突出的业绩。提革 1936 年为柯达公司设计的小型手持式照相机（见图 3-57），造型简练精巧，使技术功能与外观效果很好地结合起来。盖茨提出了一套完整的设计程序和市场调查方法，并且对未来的飞机、轮船、汽车进行过大量预想设计。亨利·德雷夫斯（Henry Dreyfuss，1903—1972 年）为贝尔公司设计的 300 型电话机（见图 3-58），风格朴实直率，而且便于保洁和维修，其市场占有长达几十年。罗维不仅设计了大量产品的商标标志，而且参与了美国总统座机——空军一号的内部装饰设计等。这些工业产品直接影响着人们的生活方式，成为现代生活形态的重要内容。

图 3-57　提革设计的柯达照相机　　　　　图 3-58　德雷夫斯于 1930 年设计的电话机

当然，美国的高消费生活方式也直接在产品设计中表现出来。例如在汽车设计中，单纯追求豪华和舒适造成某些华而不实的风气。1959 年前后许多小汽车尾部设计成鱼翅形或雁翅高高翘起的形态。

日本从 20 世纪 50 年代开始由欧美引入工业设计，他们首先采取全盘吸收国外经验和技术的做法，以后逐步结合本国国情并从开拓国际市场的战略高度出发，形成独具特色的产品风格。由此涌现出一批著名的国际品牌，如索尼、松下（Panasonic）、佳能（Canon）、夏普（Sharp）等。他们的产品以小巧玲珑、节能和节约原材料为特点，从而在能源危机期间，小型汽车大量占领美国市场，在录像和摄像技术的实用化和商品化开发中也遥遥领先，以致在任何国际活动的场合都能见到索尼品牌的摄像机。

意大利的奥利维蒂公司是 1908 年成立的，1910 年开始生产本国第一台 M1 型打字机。当时，奥利维蒂对它做了如下描述："该机在审美方面做过精心的研究，一台打字机不应是华而不实的装饰品，但应具有精美而又庄重的外观。"该机到 1929 年产量达 1.3 万台，市场遍及欧洲各国。1932 年是奥利维蒂公司工业设计的转折点，由此形成了自身独特的风格，确立了现代打字机的基本形态，其产品风格的统一特色为美国 IBM 公司提供了启示。

20 世纪 60 年代中期意大利掀起了激进主义设计运动，它是针对战后意大利古典风格和僵化的功能主义信条而来的，其设计师有庞蒂以及孟菲斯集团、阿西米亚设计集团 (Atelier Alchimia) 等，著名设计家索特萨斯先后参与了他们的活动，并造成了世界性的影响。

20 世纪 50 年代北欧斯堪的纳维亚半岛各国曾在世界各地举行设计巡回展，其设计风格为各国所称赞。它们在功能主义设计观念的影响下，突出了人与自然的和谐关系和感官感受性的特点。瑞典伊莱克斯 (ELECTROLUX) 公司的家用电器产品既注重功能，又兼具富有人情味的造型，给人一种清新之感。沃尔沃 (VOLVO) 公司的汽车式样简洁，成为北欧的现代风格。丹麦的家具轻快优雅，芬兰的玻璃器皿细致考究，这些都在国际上享有一定的声誉。

综上所述可以看出，设计是通过文化对自然物的改造和重组，它具有文化整合的性质，因此在不同时代和不同区域、民族，设计风格必然呈现出迥异的、时代的、地域或民族的特征。在这里，不同时代的价值观念和生产力水平、不同地域的文化传统和自然条件、不同民族的性格和审美情趣必然通过设计风格表现出来，成为人类文化多样性的历史见证。

3.2.1　英国设计

作为工艺美术运动诞生地的英国，曾出现过拉斯金、莫里斯这样的设计先驱，但由于思想传统保守、手工艺观念浓厚，导致在 20 世纪前期的设计竞争中，英国反而落后于德国、法国等欧洲国家。英国人勤于做买卖的习惯使他们对室内设计、商店橱窗设计、促销用的平面设计比较重视，因此，在这些领域中，英国具有一定的优势。另外，英国人生性节俭，在购买物品时喜欢精挑细选，所以对于物品的设计也比较讲究。

英国经常被称为设计的故乡，因为 18 世纪工业革命从那里开始——这当然是工业设计发展的最重要而且唯一的前提条件。由詹姆斯·瓦特 (James Watt，1736—1819 年) 发明的蒸汽机标志着漫长的工业革命的开始。在被用在织布机上后，蒸汽机又很快征服了交通领域 (火车头、轮船制造和陆地交通工具)，同样也成功地影响了纸张、玻璃、陶瓷和金属的产量。在从英国传出之后，这些新发明带来了深刻的影响 (最初是在欧洲和美国)，在人口的社会经济环境、工作和家庭生活、住宅供给以及城市规划等方面都可以感受到其带来的显著变化。在此之前的世界历史从未有过这样一个时期像 19 世纪那样转变得如此彻底和迅速，这个过程是英国统治全球的时期，直到 20 世纪才结束。

19 世纪晚期的工艺美术运动，代表了第一次严肃意义上的对工业化神话的反抗。这次运动被认为是最重要的设计源泉之一。在那些对于早期设计史的全面描述中，尼古拉·佩夫斯纳 (Nikolaus Pevsner，1902—1983 年) 特别指出了英国设计的主要人物：拉斯金、莫里斯、德莱塞、麦金托什、沃尔特·克莱恩 (Walter Crane，1845—1915 年) 和阿什比，他们的实践和理论工作对 20 世纪的设计产生了决定性的影响。1915 年成立的英国设计和工业协会被德意志制造联盟仿效，其主要意图在于促进高质量的设计 (尤其是在工业上)，使产品的价格与维多利亚时期粗劣产品的价格相当。

第二次世界大战后，大多数的设计师继承了国家手工传统，设计出了在这个仍然繁荣的帝国销售良好的家具、玻璃制品、瓷器和纺织品。魏奇伍德 (Josiah Wedgwood) 是英国瓷器、陶器和玻璃工业的一个例子，成立于 18 世纪的魏奇伍德公司已经成为该领域世界上最大的企业，它在 1997 年收购了位于德国的竞争对手罗森塔尔 (ROSENTHAL) 公司，如图 3-59 所示为该公司的产品。

第二次世界大战后，英国汽车公司阿斯顿·马丁 (ASTON MARTIN)、本特利 (BENTLY)、捷豹 (JAGUAR)、MG、Mini Cooper、莲花 (LOTUS)、路虎 (LAND ROVER) 等率先建立了英国设计的形象，使创新传统和技术革新得以协调 (见图 3-60)。伦敦的工业设计委员会在这个过程中起到了主要作用，是英国企业和设计公司强有力的推进者。

图 3-59　魏奇伍德公司的瓷器　　　　　　　　　　图 3-60　Bentley S1(1955 年)

自 20 世纪 60 年代起，英国流行文化已经成为设计、广告、艺术、音乐、摄影、时装、实用艺术和室内设计的关键影响因素。披头士 (the Beatles)、滚石 (the Rolling Stones) 及弗洛伊德 (Pink Floyd) 等人成为年轻一代反叛保守主义生活方式的缩影。归功于媒体强烈的覆盖能力，从英国开始的打击乐、流行音乐和摇滚乐成为全球社会文化和美学现象。

工业设计的突出人物之一是米沙·布兰克爵士 (Misha Black，1910—1977 年)，他为建立设计培训模式做出了卓越贡献，尤其是在其为皇家艺术大学服务期间。布兰克在很多国际组织中都是作为英国的代表参加的，他还参与了至今仍在运作的设计研究中心的建立，如图 3-61 所示为其设计的海报。

詹姆斯·戴森 (James Dyson，1947 年—) 是英国设计最不同寻常的人物之一。作为新型无集尘袋真空吸尘器的发明人，他成为一位成功的商人。他在自己的产品领域进行设计、制造和销售，其设计创新以后现代的形式语言而声名显著，如图 3-62 所示。

图 3-61　布兰克设计的海报　　　　　　　　　　图 3-62　戴森设计的真空吸尘器

其他著名的英国设计师有：以色列出生的朗·阿拉德 Ron Arad(如图 3-63 为其作品)、奈杰尔·科茨 (Nigel Coates，1949 年—)、突尼斯出生的汤姆·迪克逊 (Tom Dixon，1959 年—)(如图 3-64 为

其作品)、罗伊·弗利特伍德 (Roy Fleetwood，1946 年一)、马修·希尔顿 (Matthew Hilton，1957 年一)、詹姆斯·欧文 (James Irvine，1958—2013 年)(如图 3-65 所示为其作品)、罗斯·洛夫格罗夫 (Ross Lovegrove，1958 年一)、贾斯珀·莫里森 (Jasper Morrison，1959 年一)(如图 3-66 所示为其作品)、阿根廷出生的丹尼尔·威尔 (Daniel Weil，1953 年一)、英国著名设计公司 Pentagram 的一员等。

图 3-63　阿拉德的作品

图 3-64　迪克逊的作品

图 3-65　欧文的作品　　　　　　　　　　　图 3-66　莫里森的作品

3.2.2　德国设计

　　为什么 20 世纪初作为欧洲封建势力最强的德国能在经济上迅速超过作为资产阶级摇篮的法国和作为工业设计发祥地的英国？历史学家和经济学家通过争论得到答案，那就是德国受益于它所开创的世界工业设计革命。

有德意志制造联盟和包豪斯传统的德国，是工业设计的发源地。从德意志制造联盟到包豪斯的现代主义设计思想，再到后来乌尔姆造型学院的系统设计方法，德国人为现代设计的发展做出了不可磨灭的贡献。

当然，现代主义设计之所以诞生在德国，也有其文化上的原因。干燥的气候、多山的环境造就了严谨、理性的德国人。这种严谨和理性使得他们比较强调产品内在的功能、技术，形式上则强调秩序感、逻辑性和标准化。面对国际市场商品竞争愈演愈烈的形势，具有理性主义的德国着眼于未来，在工业设计领域中，以其坚实的工业基础，结合科学技术最新成果的运用，努力保持和提高本国产品的竞争力，同时努力探索和创造人类更合理的生活方式和生活环境。

奴隶时代和封建时代的匠人能创造出精美绝伦的产品，但这些产品最终只能为少数人所享用。而大工业的生产方式决定了工业设计的特点是：设计必须以大批量、现代化为条件，以满足绝大多数人的需要为目的。德国包豪斯运动开创的世界工业设计革命，抛弃了作坊式的手工艺生产方式，又克服了工业革命初期的产品粗制滥造的弊端，首次提出了"技术与艺术相结合"的口号，从而推动了德国经济的超前发展。这也充分证明：设计是科学技术变成现实生产力的桥梁。

直到今天，德国产品始终保持着很强的竞争力，这不仅与科技有关，还与德意志民族的文化艺术传统有着密切的关系。许多伟大的哲学家，如伊曼纽尔·康德（Immanuel Kant，1724—1804年）、格奥尔特·威廉·弗里德里希·黑格尔（George Wilhelm Friedrich Hegel，1770—1831年）、马克思，一些举世闻名的音乐家，如路德维希·凡·贝多芬（Ludwig van Beethoven，1770—1827年）、罗伯特·舒曼（Robert Schumann，1810—1856年）等都出生于德国。他们严谨的思维方式、丰富的想象力和作品的艺术感染力，都基于严格的数理逻辑。德国人对德国语言持有更强的表现力；而德语则是一种逻辑性强的技术语言。例如法国的印象主义（Impressionism），是在法国的工业革命时代应运而生的，他们的那种浪漫、抒情的意境和表现手法，与处于同一历史背景下的德国表现主义（Expressionism）的那种理性和深邃截然不同。德意志民族的这种特点，不可避免地会在它的工业设计中反映出来。这表明设计可以将文化艺术变为生产力。

多年来，德国产品在国际贸易中占有相当重要的地位。如果说日本的产品是以设计新颖、别致、价格便宜取胜的话，那么德国产品则以高贵的艺术气质、严谨的做工而成为欧美高级市场的畅销货，如图3-67和图3-68所示。德国也是国际贸易的重要消费市场。但若要使产品挤进德国的市场，必须熟悉这个国家的文化背景和工业设计原则，必须下大气力才行。同时，这也表明各国只有形成各自的特色和设计风格才有竞争力。

图 3-67　典型的德国家具设计　　　　　　　　　图 3-68　德国布劳恩公司的产品

科学技术的发展、人类认识世界的深化，赋予工业设计以更全面、更崇高的功能，它的作用扩展到满足人的生理需求、心理需求，乃至对环境、社会的适应。德国的工业设计师们认为，工业产品不但是人类器官的延伸，而且进入了人的精神世界。在 20 世纪末期，面对环境污染、生态破坏、人口爆炸等人类将面临的危机，欧美兴起了回归大自然的浪潮，这也同样反映在十分重视环境设计的德国。长时间在商业广告海洋中生活的香港人或东京人，一旦来到处处绿草如茵、弥漫着中世纪恬静情趣的德国，绷紧的神经好像一下就放松了。在德国大城市里也很难找到一块广告牌，出于整体环境设计的考虑，国家只允许少数圆形广告柱存在，它们既不遮挡人们的视线，又不污染大自然的美。这表明，满足人类物质与精神的双重需要、探索人类合理的生活方式和生活环境成为德国工业设计的原则。这或许也是德国保持经济长期不衰的重要原因。

德国前总理赫尔穆特·科尔 (Dr. Helmut Kohl) 曾亲笔为德国出版的《1995 年 IF 设计奖》作品集撰写前言，他在结尾时写道："在 21 世纪的世界市场竞争中，德国必须靠工业设计保持并提高国家的竞争力。"德国工业的持续发展，正是德国各级政府大力推动工业设计成功经验的体现。

3.2.3 美国设计

美国是一个多民族的移民国家，文化包容性强。由于历史相对较短，无须背负沉重的历史包袱，自由、轻松的整体氛围使得美国的工业设计呈现出乐观向上、形式多样的面貌。汽车设计中的流线型风格就是一个典型的例子。即便在现代主义占据上风的 20 世纪中叶，美国通用、克莱斯勒、福特等汽车制造商也纷纷推出新奇、夸张的设计，以视觉化的手段反映了美国人对于力量和速度的向往。美国文化的另一个特点，即实用主义、功利主义及商业主义的盛行导致的美国设计的商业化倾向，用著名工业设计师罗维的话来说，"最美的曲线是销售上涨的曲线"。在这里，艺术与设计的唯一目的就是促销，设计是为了提高商品的利润率，艺术是为了增加商品的附加价值。在推动经济发展方面，这种商业化的设计思路具有积极意义，但是，我们应该清楚地认识到这种完全从商业目的出发的设计造成了能源和资源的巨大浪费。从 20 世纪 50 年代末起，这种商业性的设计逐步走向没落，工业设计更加紧密地与行为学、生态学、人机工程学、材料科学等其他学科相结合，产品的宜人性、经济性和功能性重新获得了重视。

20 世纪设计的大规模生产在很大程度上——尤其是在美国——是由机械化和自动化所驱动的。比照产品开发和设计的观点主要来自功能前景的趋势（当时在现实主义传统背景下的欧洲拥有牢固的地位），美国人很快意识到愉快设计的市场潜力。

20 世纪 20 年代是欧洲的艺术装饰风格时期，而在美国则是流线型的年代。在这一时期，流线型设计被应用到汽车、收音装置、室内用品、办公设施及室内装饰上。源自自然的形态——水滴被认为是最主要的形态——流线型成为现代性和进步的标志，也成为更加美好未来的期待。设计师将自己的工作理解成使得产品无法拒绝。换言之，他们通过激发消费者对于产品渴望和需求的潜意识以驱使其购买。脱离了技术问题的困扰，设计师的工作被限制在了风格和样式方面。

20 世纪的一个例外是巴尔敏斯特·富勒 (R. Buckminster Fuller，1895—1983 年)，作为建筑师、工程师和设计师，他将"活力 (dynamic)"和"最高效 (maximum efficiency)"合成为 dymaxion 一词。在这一原则之下，他设计了建筑结构，例如测量学意义上的穹顶（见图 3-69），希望它能够覆盖整个城市地区。在微观层面上，他设计了滑艇和汽车（如三轮 Dymaxion 汽车）（见图 3-70），这些产品被认为是流线型时代的先驱。

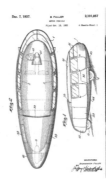

图 3-69　富勒设计的 1967 年蒙特利尔世界博览会美国馆　　　　　　图 3-70　Dymaxion 汽车

在这场设计运动中最有名的人物是法国人罗维，他在 1919 年移居到美国，很快便因宣扬设计是营销手段而获得成功。他那令人窒息的飞跃开始于对基士得耶 (Gestetner) 速印机（见图 3-71）、冰箱、交通工具、室内用品和室内装饰的再设计，他为 Lucky Strike 香烟的包装设计（见图 3-72）是少数没有被模仿的几个项目。"永远不要忽视足够满意"(Never Leave Well Enough Alone) 是他的口号和自传的标题，这也成为一代设计师的警句。罗维的毕生工作精彩地记录了设计学科是如何将自己完全置身于商业利益的服务中的过程。

图 3-71　基士得耶速印机　　　　　　　　　图 3-72　LUCKY STRIKE 香烟盒

盖茨、德雷夫斯、提革也是流线型时代的主要代表人物。他们为轮船、汽车、公共汽车、火车、家具以及其他很多产品的设计做出了大量的尝试。

萨里宁、伯托亚、伊姆斯和尼尔森等人设计的家具在另一方面与欧洲设计传统有着更为强烈的联系。这些设计师的基本兴趣在于对新材料的研究，如胶合板和塑料，并将它们实验性地应用到设计中。他们把全新的雕塑美学诠释设计融合进了功能性方面，建立了与美国流线型时期有机的设计方法之间的关联。

汽车设计师厄尔自 1927 年起主管通用汽车公司的设计工作室的时间超过了 30 年，对很多汽车的设计做出了决定性的贡献。他所设计的汽车遵循风格款式每年变化的模式，这使得"风格样式"的概念得到了提升：对于产品所进行的短生命周期和与时尚相关的改造。这也就是大家通常所说的"有计划商品废止制"。

艾略特·诺伊斯 (Eliot Noyes，1910—1977 年) 是最早关注技术产品设计的设计师之一。在 1956 年被任命为 IBM 公司的设计指导后，他为企业的视觉形象做出了重要贡献，如图 3-73 所示为 IBM 公司的产品。

20 世纪 80 年代后，大企业不仅使得美国成为经济上的全球主导者，也使美国因设计而得到尊重。福特、通用、哈雷 (Harley Davidson)、诺尔、米勒、铁箱 (Steelcase)、苹果 (如图 3-74 所示为该公司的产品)、惠普 (HP)、IBM、微软、摩托罗拉、施乐 (XEROX)、Black & Decker(如图 3-75 所示为该公司的产品)、Bose、耐克 (NIKE)、OXO(如图 3-76 所示为该公司的产品)、Samsonite、Thomson 和特百惠 (TUPPERWARE) 等，都是优秀设计的代表。

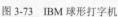

图 3-73　IBM 球形打字机

图 3-74　苹果公司的产品

图 3-75　Black & Decker 公司的产品

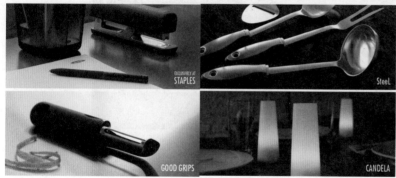

图 3-76　OXO 公司的产品

3.2.4　意大利设计

意大利是文艺复兴的发生地，以其悠久而丰富多彩的艺术传统著称于世。意大利设计遵循的是以创造力和审美感知为基础的文艺复兴传统，也就是利用科技的最新成果，但同时又保留了手工技术和鲜明的意大利民族特征，这种特征和特色是意大利设计的灵魂。意大利的设计文化根植于艺术传统之中，同时也反映了意大利民族热情奔放的性格，形式上的大胆创新是其重要特征。

意大利的产品设计早就享有世界第一的声誉。欧洲最畅销的 10 种轿车，有 6 种是意大利人设计的。之所以这样，是因为植根于意大利悠久历史和灿烂文化的创新设计精神。创新是根本，意大利设计师乐于应用新技术、新材料，接受新色彩、新形式和新美学观，追求新潮流。因此可以说，意大利的前卫设计引领着世界设计的新潮。

战后意大利艺术设计的崛起，被视为是从法西斯体制下的解放，是对军事产业时代的艺术设计的批判，是对民主、自由理想的表现。战后意大利"重建"(Reconstruction) 时期的艺术设计，表现出两个不同的侧面：一是从纳粹体制下解放后，艺术设计对民主主义理想的追求，主张合理、工业化的艺术设计；二是对功能主义的美学原则的批判而表现出来的艺术设计的多样性。前者更多地与意大利的工业文化相关，而后者与意大利的传统工艺和手工业生产关系密切。随着战后物质生活的改善和生活水平的提高，后者逐渐成为意大利艺术设计的主流。

意大利的工业化进程起步相对较晚，第二次世界大战结束后，除北方少数城市外，工业生产还处于比较落后的状态。与许多国家一样，军工企业的转产是战后重建的重要部分，这些有着一定的工业化生产基础的企业通过引进新技术，开发了一些具有较高性能和设计品质的工业产品。如米兰、都灵、热那亚等地产生了菲亚特 (FIAT)、法拉利 (Ferrari)、蓝旗亚 (Lancia)、兰博基尼 (Lamborghini)、玛莎拉蒂 (Maserati)、比亚乔等汽车品牌。具体而言，比亚乔曾是二战期间意大利唯一生产重型轰炸机的企业，战后开始运用飞机制造的技术和经验生产轻型摩托车。1946 年由阿斯卡尼奥设计的 Vespa 轻型摩托车 (又译"金星"摩托车，见图 3-32) 以其出色的技术和造型以及面向大众的低廉价格，引起了强烈的反响，成为意大利重建时期的象征。电影《罗马假日》中主人公使用的就是"金星"摩托车，这也使它名扬世界。从战前就开始生产小型车的菲亚特也迅速成长，1947 年推出的新型车 CISITALIA 202(见图 3-77)突破了传统的造型设计，以其简练而优雅的外形以及与性能的完美结合，被纽约现代美术馆永久收藏。1956 年菲亚特已占据了意大利汽车市场的 93%，"阿尔法·罗密欧"等高级车型也大受欢迎。

图 3-77　CISITALIA 202

与军工企业不同的是奥利维蒂公司，该公司最初生产办公用品，后开始生产打字机并投入计算机的研制当中。奥利维蒂公司以重视现代设计著称，早在 20 世纪 30 年代，公司就聘请优秀的设计师负责新产品的设计,著名设计师尼佐里曾担任该公司的主任顾问设计师,由他设计的 Lexicon 80 打字机 (见图 3-78) 和 Lettera 22 手提式打字机 (见图 3-33) 为公司赢得了国际声誉。像马里奥·贝里尼 (Mario Bellini,1935 年—)、索特萨斯等一流的设计师都曾为该公司做过设计,贝里尼设计的 "Divisumma 18" 计算器 (见图 3-79) 和索特萨斯设计的 "Valentine 打字机" (见图 2-11) 都是工业设计史上的经典,并为以后的设计确立了原型和规范。

图 3-78　Lexicon 80 打字机 (1948 年)　　　　图 3-79　Divisumma 18 计算器 (1973 年)

　　意大利的工业设计师较少隶属于某家企业,这使他们拥有了更多的创作自由度,涉猎的领域也更广泛。文艺复兴以来的艺术熏陶与修养以及历史悠久的手工业传统,也使他们的设计融入了美术、雕塑和工艺的气息,从而具有较高的审美价值。"如何使产品设计具有美术性"是 20 世纪 50 年代意大利艺术设计的主题,1954 年三年展的主题就是"艺术生产"。意大利的设计师赋予了日用品、家具、家居设备、交通工具一种美学上的、形式上的美,美和功能、传统及新奇的结合使意大利的艺术设计以鲜明的个性和魅力吸引了世界的目光,成为优秀设计的代名词,如阿奇莱·卡斯提罗尼 (Achille Castiglioni,1918—2002 年) 为 FLOS 公司设计的大量灯具 (见图 3-80 和图 3-81)。尽管战后意大利出现了菲亚特、奥列维蒂等杰出的企业,但手工艺的传统更为强大,中小企业和工坊仍然占有多数,战后艺术设计所表现出来的合理化、工业化的一方并没有得到很好的推进,反而是以家具为代表的追求有机的、自由的形态和个性表现的一方成为主流,艺术设计在从手工业向机械产品的过渡中以一种完美的结合方式,形成了意大利艺术设计的鲜明特征。就像莫利诺 (见图 3-82) 的设计,其意义不在大量生产上,更多在于可玩味的形式。其价值与其说是集团的,不如说是个人的;与其说是功能和实际的,不如说是形态的创新。

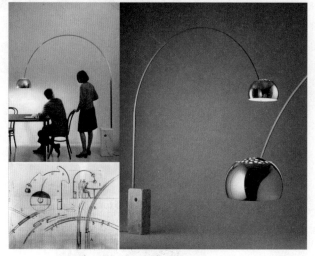

图 3-80　Arco Floor Lamp(1962 年)　　　　图 3-81　Snoopy Lamp(1967 年)

　　意大利设计在战后取得的快速发展,主要得益于意大利设计师协会、米兰设计展及这一时期所出版的系列设计期刊对设计文化的推广与传播。首先,成立于 1956 年的意大利设计师协会主要邀请大量建

筑师、艺术家、生产者、文学家和设计师积极组织
和参与系列文化活动，以传播设计的文化；同时，
还负责评选米兰拉·里纳申特 (La Rinascente) 赞
助的"金罗盘奖"。其次，二战后，米兰设计三
年展开始明确关注设计的主题，而不仅仅是一个
产品的展览。如 1947 年的主题为"家和家饰"、
1951 年的主题为"艺术的整体"、1985 年的主
题为"选择的关系"、1994 年的主题为"同一性
和差异性"，正是通过这些主题展览，意大利设计
轻松地将设计和艺术整合到了一起，并通过其作品

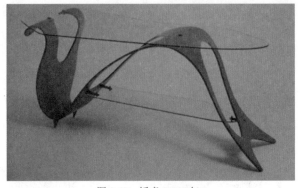

图 3-82　矮桌 (1949 年)

向民众推广设计。最后，*Abitare*、*Casabella*、*Domus*、*Internit*、*Modo*、*Ottagono*、*Rasssegna*
等设计刊物也将设计传达给了广大的社会群众。

　　此外，20 世纪 60 年代后塑料及其先进的成型工艺使意大利设计创造出了一种更富有表现力的设计
风格。大量低成本的塑料家具、灯具以及其他消费品都通过轻巧、透明和艳丽的色彩设计展示了新的风
格 (见图 3-83)，完全打破了传统材料及功能主义和理性主义所体现的设计特点和价值观念。与此同时，
战后中产阶级的兴起和对家庭生活的重视使得家具设计成为战后意大利最初的亮点，1946 年米兰的家
具展成为此后一系列艺术设计活动的引擎，米兰也成为世界性的艺术设计的发现地。家具设计的繁荣与
建筑家活跃在产品设计领域有关，意大利的建筑家常常同时兼有工业设计师的双重身份，建筑和室内以
及装置、家具往往由建筑师来统合设计。另一方面，由于战时以及战后国家对建筑设计的规制，建筑家
的理想无法通过建筑来实现，转而置身于产品设计的行列中，产品设计成为表现自我的一种手段，而家
具以及家居设计是从建筑到产品的理想的结合点。而且，意大利从事工业产品设计的设计师，大多数出
身背景都是建筑师或者工程师，也因此对工业产品的结构和性能都有很深刻的理解，并常常能不断运用
新的技术和材料设计出新的形式，满足新的市场需求。如马克·扎努索 (Marco Zanuso,1916—2001 年)
(见图 3-84 至图 3-86)、卡斯提罗尼兄弟 (见图 3-87) 和科伦坡 (Joe Colombo，1930—1971 年)(见
图 3-88 至图 3-92) 的作品，都受到人们的追捧。

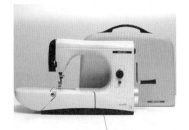

图 3-83　Mirella 缝纫机 (1956 年)

图 3-84　Grillo Telephone(1965 年)

图 3-85　Kartell K4999 儿童椅 (1959 年)

图 3-86　收音机 (1964-1970 年)

图 3-87 Mezzadro Stool(1957 年)

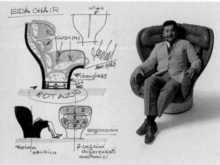
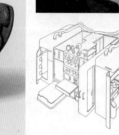

图 3-88 Elda Chair(1963 年)

图 3-89 Total Furnishing Unit(1971 年)

图 3-90 Portable Storage System(1969 年) 图 3-91 Tube Chair(1969—1970 年)

吉奥·庞蒂(Ponti Gio, 1891—1979 年)是 20 世纪 20 年代起就活跃在意大利设计领域的设计师, 早年于米兰工科大学学习建筑, 他于 1928 年创办的建筑和设计杂志《多姆斯》(DOMUS), 一直引导着意大利艺术设计的主流。战后, 庞蒂积极主张艺术设计应面向新兴中产阶级的舒适生活。20 世纪 40 年代末到 50 年代, 他做了一系列家具和室内设计, 尤以 1957 年设计的 Super Leggera 椅(见图 3-93)最为著名。该设计以传统的意大利椅子为原型, 其重量轻到可以用一根手指提起来, 传达了材料的最小化这样一个富有前瞻性的信息, 被称为 "最完美的椅子", 也为他赢得了意大利设计的最高奖 "金圆规奖"(这一奖项是由意大利工业设计协会创立, 目的在于鼓励对制造业发挥重要作用的优秀设计)。

意大利有代表性的家具设计师还有贝里尼(见图 3-94 至图 3-96)和维科·马吉斯特迪(Vico Magistretti, 1920—2006 年)等。贝里尼和马吉斯特莱迪分别为 CASSINA 设计的 CAB 系列(见图 3-97)和 MARALUNGA 系列作品(见图 3-98), 在造型和材料的使用上追求人与椅子之间肌肤相亲的感性关系, 打造了意大利家具高级的形象。

图 3-92　Stacking Chair Universale(1965—1967 年)　　　　图 3-93　Super Leggera Chair(1957 年)

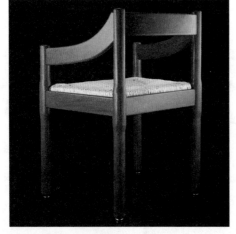

图 3-94　Carimate Chair(1959 年)

图 3-95　Eclisse Lamp(1965 年)

图 3-96　Oluce Lamp(1977 年)

图 3-97　CAB(1982 年)

此外，战后意大利涌现出了一大批世界级的汽车设计公司和设计师，如平尼法里纳(Pininfarina)(如图 3-99 至图 3-101 所示为其作品)、吉奥基托·乔治亚罗(Giorgio Giugiaro，1938 年—)(如图 3-102 至图 3-104 所示为其作品)和努西奥·博通(Nucci Bertone，1898—1997 年)(如图 3-105 和图 3-106 所示为其作品)等。

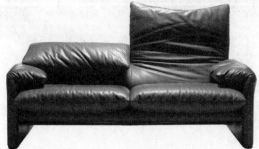

图 3-98　MARALUNGA(1973 年)

图 3-99　Lancia Aurelia(1955 年)

图 3-100　Ferrari 275(1964 年)

图 3-101　Fiat 124 Spider(1966 年)

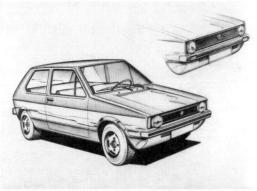

图 3-102　Volkswagen Golf(1974 年)

图 3-103　Audi 80(1978 年)　　　　　　　图 3-104　Fiat Panda(1980 年)

进入 20 世纪 70 年代，艺术设计进入了一个全球性转型期，出现了世界范围的对既成艺术设计准则的怀疑和否定的"反设计"思潮。莫里斯曾经感叹的工业制品低品质的问题又重新被提起，对手工艺的关心再次复归。在使用性不是唯一目的、美学可以超越功能的"反设计"思潮下，意大利艺术设计浓厚的反功能主义色彩和强烈的感性特质，加之意大利家具设计高级化倾向的逐渐淡化和大众风格占据主导地位，使它迅速成为 20 世纪 80 年代后现代艺术设计的中心。也正是意大利设计师的文化性、人文性、超越性和前卫性的设计创意，推动着意大利工业设计的发展，也推动着世界设计走向一个又一个的高潮。

图 3-105　Alfa Romeo Giulietta Sprint(1953 年)

图 3-106　Chevrolet Corvair Testudo(1963 年)

3.2.5　斯堪的纳维亚设计

家具、灯泡、墙纸、玻璃制品、瓷器和陶器这些都是会让人自然联想到"斯堪的纳维亚设计"的产品，斯堪的纳维亚设计具有一贯的文化标准特征。斯堪的纳维亚设计的发展一直与手工技术品质的非间断传统有联系。

斯堪的纳维亚设计将德国严谨的功能主义与本土手工艺传统中的人文主义融合在一起，形成了独特的斯堪的纳维亚风格，既保留了自己民族的手工艺传统，又不断吸收现代科技中新的、有价值的东西，将传统手工艺与现代高技术相结合，走出了一条充满传统文化的功能主义的工业设计道路。瑞典、挪威、芬兰、丹麦四国较早地注意到设计的大众化和人文因素，将人机工程学的知识广泛应用到设计当中，使设计出的产品形态和结构符合人体的生理和心理尺度，并更具有人情味。他们提倡由艺术家从事设计，使设计走上与艺术相结合的道路。

斯堪的纳维亚设计纯粹的功能主义形式语言和对材料、颜色经济的使用使其成为战后设计的典范，其产品设计的统治地位直到 20 世纪 60 年代才被打破，意大利的设计师使其设计和材料更好地适应了 20 世纪下半叶技术和产品文化的变化。

1. 丹麦

最重要的丹麦设计师是雅各布森，他设计了椅子、灯具、玻璃制品、餐具以及大量的建筑。他的卫生设施作品被认为是简约功能主义作品的典范。

南娜·迪策尔 (Nanna Ditzel，1923—2005 年)、波尔·克亚霍尔姆 (Poul Kjaerholm，1929—1980 年)(如图 3-107 所示为其作品)、埃里克·曼格努森 (Erik Magnussen，1940 年—) 和汉斯·J·维纳 (Hans J. Wegener，1914—2007 年) 等也是丹麦设计的国际知名人物。

图 3-107　克亚霍尔姆的作品

其中，维纳是丹麦战后最重要的设计师之一，毕业于哥本哈根工艺美术学校，设计了很多银器和照明器具，尤以家具特别是椅子的设计成就最大。维纳的设计关注细部处理和结构关系，对中国的明清家具怀有浓厚的兴趣，并体现在从 Chinese Chair(见图 3-108) 到 Round Chair(见图 3-109) 的一系列椅子的设计中，他将明式椅子的硬木代之以白木，使之有了一种北欧的情调和现代感。1950 年美国室内设计的专门杂志《室内》在封面刊登了维纳的 Round Chair，引起了非常大的轰动，也确立了维纳在设计领域的地位。他的 Y-Chair、"孔雀椅"(见图 3-110)、The Chair 扶手椅 (见图 3-111) 都是 20 世纪艺术设计的经典之作。

图 3-108　Chinese Chair(1943 年)

图 3-109　Round Chair(1950 年)

图 3-110　孔雀椅 (1947 年)

图 3-111　The Chair 扶手椅 (1949 年)

保尔·汉宁森 (Poul Henningsen，1894—1967 年) 自 1925 年开始设计的 PH 系列灯具 (见图 3-112 至图 3-114) 则成为 20 世纪灯具设计的经典作品。

图 3-112　吊灯 (1926 年)　　　　　　　　　　图 3-113　PH-5 吊灯 (1958 年)

还有维纳尔·潘顿 (Verner Panton，1926—1998 年)，他设计了大量的家具、灯具和纺织品。他从 1960 年开始设计，1967—1975 年间由米勒公司生产的可叠放塑料椅 (见图 3-115) 被看作赋予塑料材质新自由形式的精华。在 20 世纪 70 年代初，他通过对颜色和形式真正无节制地使用所创作的梦幻般的生活环境 (见图 3-116) 在科隆国际家具展上展出，并大放异彩。

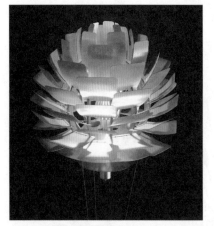

图 3-114　PH 洋蓟吊灯 (1958 年)　　　　　　图 3-115　潘顿设计的可叠放塑料椅

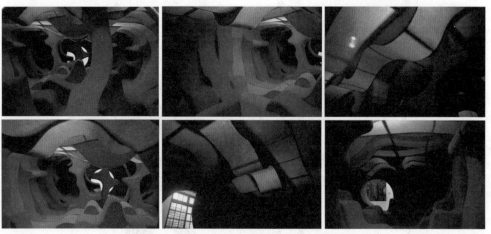

图 3-116　潘顿于 1970 年设计的维西纳幻想空间

丹麦的音响品牌 B&O 也同样顺应设计功能主义的传统，以最少的手段来实现设计的视觉简洁，在高保真音响领域上延续了传统现代主义的一贯性，如图 3-117 所示。

图 3-117　丹麦 B&O 公司的产品

同时，家具制造商弗里茨·汉森 (Fritz Hansen) 将手工传统和国际设计师的创新概念融合起来，如图 3-118 所示，还有全球企业乐高 (LEGO) 在标准原则的发展过程中起了主导作用，它的产品对儿童的心理和社会发展产生了重大影响，如图 3-119 所示为该公司的产品广告。

图 3-118　丹麦汉森公司的家具

2. 芬兰

芬兰有着悠久的手工艺传统，主要体现在玻璃制品和瓷器上。但芬兰的工业，尤其是出口行业，则主要依赖于工业设计，设计不仅对产品开发具有特殊价值，而且对公司的战略水平也产生影响。对设计提升价值产业而言，最重要的是产品的外观，然后是产品的舒适度和品牌识别。最不重要的因素是价格和技术因素。从其他行业来看，产品的可用性是最重要的，其次是技术性能和舒适度，最后是品牌认知、产品价格和产品外观。诺基亚 (NOKIA)，这个当初只是橡胶靴生产商后来却领导世界手机设计的品牌，已经承认："设计是在全球市场竞争的关键因素"，其执行的多元化产品策略，将当代时尚潮流和艺术级的技术融合在一起，一度成为世界上主要的移动电话制造商。

在 20 世纪 30 年代，建筑师和设计师雨果·阿尔凡·哈里克·阿尔托 (Hugo Alvar Herik Aalto，1998—1976 年) 就开始了胶合板的实验，这些材料最初是被用在滑雪橇上的。但阿尔托结合包豪斯钢管家具中的结构理念将其应用到木材上，如图 3-120 和图 3-121 所示。

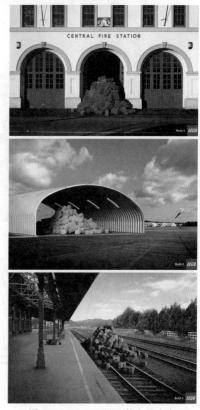

图 3-119　LEGO 公司的产品广告

图 3-120　阿尔托设计的扶手椅

图 3-121　阿尔托 1937 年为 Iittala 设计的玻璃花瓶

　　在战后的 1945 年到 20 世纪 60 年代，芬兰设计师的玛瑞·塔皮奥瓦拉 (Iimari Tapiovaara，1914—1999 年)(如图 3-122 至图 3-125 所示为其作品) 和安蒂·鲁梅斯理米 (Antti Nurmesniemi，1927—2003 年)(如图 3-126 和图 3-127 所示为其作品) 将现代主义原则与传统风格相结合，并以机械化方式生产家具为条件，设计了大量优秀的作品。

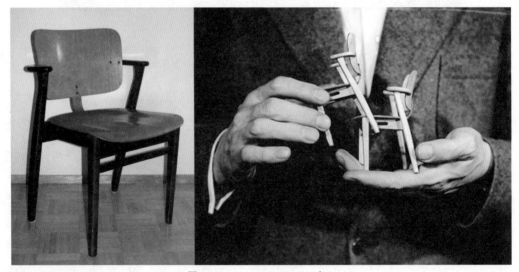

图 3-122　Domus Chair(1946 年)

图 3-123　Mademoiselle Chair(1956 年)　　　　　　图 3-124　Nana Chair(1956 年)

图 3-125 Aslak Chair(1958 年)

图 3-126 Sauna Stool(1951 年)

图 3-127 米兰椅 (Triennale Chair)(1960 年)

年轻一代的设计师包括哈里·科斯肯宁 (Harri Koskinen, 1970 年—)，他站在芬兰现代主义传统观念上为玻璃制品、餐具、厨房设施、家具和照明这些领域的国际企业进行设计；同时还包括斯特凡·林德福什 (Stefan Lindfors, 1962 年—)，他是建筑师、工业产品设计师、艺术家和纺织品专业设计师，他为 Arabia、Hackmann 和 littala 这些公司设计玻璃制品和家居用品。

Arabia、Artek(代表产品见图 3-128)、Asko、Fiskas、Hackmann 和 Woodnotes 等公司，是芬兰设计的主要代表。

图 3-128 阿尔托为 Artek 设计的部分家具

3. 挪威

挪威是斯堪的纳维亚国家中设计发展最少的国家。由于对艺术和手工活动的格外重视，挪威几乎完全没有制造工业，直到 20 世纪 40 年代才发展到系列产品设计的阶段。斯堪的纳维亚设计在这里被理解成一种生活方式：简化的形式语言，简单的制造过程和高度的可靠性。但是设计师更倾向于追寻早期的欧洲现代主义而不是去追随斯堪的纳维亚自身的传统。

20 世纪 70 年代，在挪威出现了两种不同的设计方法。第一种是使设计师潜心于在工作室中为客户创造一次性的设计，第二种则是服务于工业规模生产的设计。但是到了 20 世纪 90 年代，被遵循的则是第三种方法——真诚的、民族的和生态的工作方法。

4. 瑞典

瑞典建筑第一次真正意义上的革命发生在 20 世纪初期。1917 年艾瑞克·古纳尔·阿斯普隆德 (Erik Gunner Asplnnd, 1885—1940 年) 将起居室和厨房融合到一起，其目的在于实现简单牢固的工业规模化生产，其家具是由斯堪的纳维亚地区独一无二的松木制造而成，这便是瑞典设计发展的起点。1930 年，斯德哥尔摩的一次展出表明功能家具可以被视为时代的体现：简约和功能性是支配原则。同时在德国已经有了钢管座椅的实验。1939 年的纽约世界博览会使"瑞典现代主义"成为国际设计概念的突破口。

20 世纪 40 年代，瑞典人制造联盟致力于提升家居环境，尤其是在适于儿童的房间方面。在接下来的十年中，出现了新的居住方式。莱娜·拉松 (Lena Larsson，1919—2000 年) 便是那些创造了起居、烹饪、游戏和工作的多功能房间的建筑师之一，她在 1955 年海森堡制造联盟展上发布了这些作品。

20 世纪六七十年代很多大规模的家具生产链在瑞典建立，其目的在于塑造瑞典家具设计的产品文化形象。最著名的是宜家 (IKEA)(见图 3-129)，它在 5 个大洲 30 多个国家开设了超过 150 家分店。大约 7 万名员工每年创造出超过百亿欧元的营业额，每家分店出售的产品超出 11 500 种。宜家将其产品印刷在年录上在全球发布。消费者可以在家中平静地进行阅读和购买，通过邮件订购，或在分店中挑选。出于合理化原则，大多数家具被分解成几个部分，以使消费者能够自行装配。通过自己挑选颜色组合，有些家具可以由购买者自己实现定制。宜家的产品范围所吸引的人群年龄段从 20 岁到 40 岁，他们通常是为自己或孩子购买家具。这些产品相应的并不昂贵，并且开始影响了整个人群的家庭装饰观念。Billy 书柜就是其中的经典，每年的销售额超过 200 万个单体。

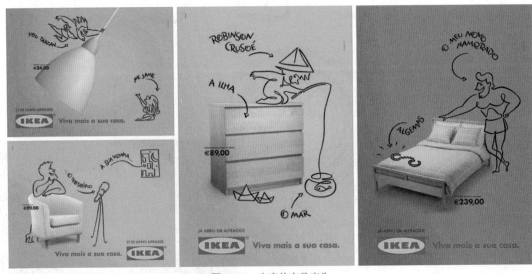

图 3-129　宜家的产品广告

此外，类似伊莱克斯、哈苏 (HASSELBLAD)、山特维克 (SANDVIK)、Sabb 和沃尔沃等企业，也以其永恒的、几乎免疫于时尚风潮的高质量技术产品为瑞典赢得了国际声誉。

3.2.6　法国设计

法国生活环境十分优越，这在一定程度上造成了法国人追求美好、浪漫的生活习惯，也使得时尚成为这个迷人国度奉行的生活准则；作为时尚载体的时装、香水成了这个浪漫民族的代名词，装饰艺术运动的渲染形成了一种华丽、经典的法国浪漫风格。在法国，设计被视为高贵的象征，设计的服务对象是富裕的上流社会，这使得法国设计师更多地将注意力放在奢侈、高档的产品上，同时在一定程度上造成他们日常用品设计的落后。

长期以来，法国在绘画、雕塑、文学、音乐和戏剧等艺术领域和时装上的文化优势（但此处并不包括哲学和自然科学）对设计的影响是微乎其微的。直到 20 世纪 30 年代艺术装饰风格时期，法国工匠和建筑师的装饰艺术才达到第一个高峰。住宅的室内设计、公共建筑甚至远洋轮船都成为法国“图案设计师”的实验领域。而且这种“装饰艺术”的风格至今仍一直影响着法国设计。

与欧洲其他国家不同，法国事实上直到 20 世纪 60 年代早期才开始比较深入地研究工业设计的问题。1969 年建立、1976 年迁入巴黎蓬皮杜艺术中心 (the Center Pompidou)(见图 3-130) 的工业创作中心在这方面扮演了重要的角色，在那里举办的“法国设计 1960—1990 年”展览第一次对法国设计做了代表性的概览。

图 3-130　巴黎蓬皮杜艺术中心

　　20 世纪 90 年代初，意大利的设计发展影响到法国。斯塔克便是其中的代表人物。他根据产品的设计和使用来变换角色、更换规则。对他而言，形式和功能的关系不是一种从文字上遵循的功能主义的规则系统，而是可能的惊喜的宇宙，在此一个人能够用激情来设计，而无须屈服于使用性的前提。与意大利先锋派运动不同，斯塔克还适时地在他的家具设计中表达出支持平民的主张，以确保家具能以一个负担得起的价格制造和销售。但是他为阿莱西设计的外星人榨汁机（见图 3-131），却又将交流功能置于实用功能之前。

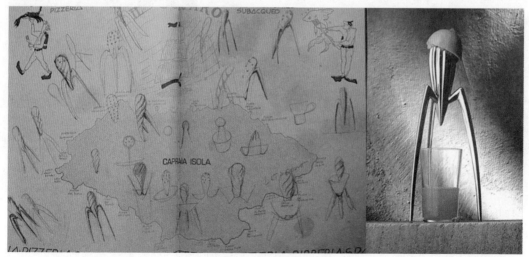

图 3-131　外星人榨汁机

　　当论及法国设计的装饰传统时，必须提到的是设计师安德烈·普特曼（André e Putmann，1925—2013 年），她的作品包括法英超音速飞机、协和式飞机的内饰设计和巴黎博物馆的室内设计。

相反,享有国际声誉的建筑师 J. 努维尔(Jean Nouvel,1945年—)在他的家具设计中坚持古典现代主义。

从 20 世纪 90 年代起,许多法国青年设计师引起设计界的广泛关注,但是他们几乎全都从事室内设计并延续着法国设计的装饰路线,例如为维特拉公司(VITRA)设计用品和家具的 Bouroullec 兄弟(罗南·布鲁克,Ronan Bouroullec,1971 年—;爱尔文·布鲁克,Erwan Bouroullec,1976 年—),他们于 2002 年设计的办公家具系统 JOYN(见图 3-132) 结束了所有的惯例,展现出对一种新的、高柔软性的、模块化的产品文化,为办公家具设计做出了伟大的贡献,这件作品几乎完全重新定义了工作世界和家庭环境。

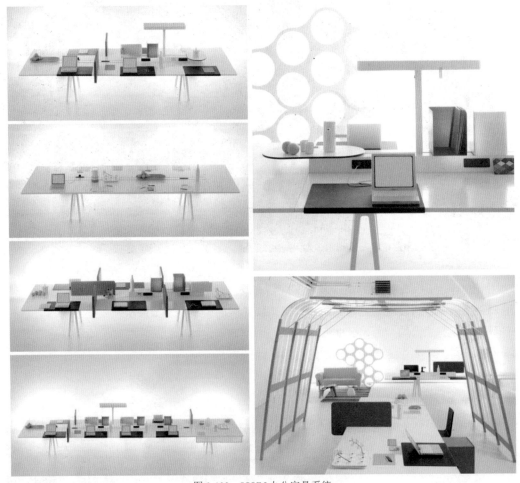

图 3-132　JOYN 办公家具系统

然而,法国设计真正的繁荣是体现在汽车工业上。标致集团 (PSA) 以其具有创新性和廉价的汽车引起了世人的关注。例如,雪铁龙 (Citroen)C3 Pluriel(见图 3-133) 成为在青年客户中新的流行车型,因为它可用作皮卡、跑车和轿车。通过它,雪铁龙重拾传说中的 2CV 的传统,被写入了 20 世纪后半叶设计和生活方式的历史。

在欧洲殿堂级汽车设计师帕特里克·勒·克芒 (Patrick Le Qu é ment) 的帮助下,雷诺 (RENAULT)罗汉 (Trafic)(图 3-134) 成功地为汽车产品的文化设立了全新的标准。此外,雷诺太空车 (Espace) 成为 20 世纪 90 年代欧洲货车的模范 (见图 3-135)。雷诺 Twingo 小房车 (见图 3-136) 就像一个优美的盒子,尤其吸引年轻人和女性目标群体。而雷诺古贝 (Avantime)、雷诺威赛帝 (Vel Satis) 和雷诺风景 (Sc é nic)(见图 3-137) 等也都是汽车的典范,它们富于表现力的形态重新定义了法国汽车设计的标准和规范。

图 3-133　雪铁龙 C3 Pluriel

图 3-134　雷诺罗汉

图 3-135　雷诺太空车

图 3-136　雷诺 Twingo 小房车

图 3-137　雷诺风景

3.2.7　日本设计

一无资源、二缺市场的岛国日本，经过战后的恢复和建设发展，如今已发展成为经济大国。

日本早在 20 世纪 20 年代就制定了设计法规和发展设计教育规划，开始普及工业设计思想。战后，在日本工业设计师协会、日本工业设计促进会和日本设计基金会等组织以及广大设计院校、设计人员的努力下，日本的工业设计更是取得了长足的进步。现在，日本已经成为工业设计大国。

通常，我们把战后日本工业设计的发展分为 4 个时期。

1950—1960 年的"黎明期"：20 世纪五六十年代，欧洲和美国工业设计运动的发展，使日本在战后已经意识到了工业设计的必要性，他们一方面派官员、企业家到欧美进行考察，另一方面邀请欧美的设计专家到日本讲学、座谈，传授工业设计思想，并请他们为政府部门制定"设计开路、技术立国"的方针。这一时期日本的工业设计大多以美国设计方式为样本，进行设计、仿制抄袭，提倡功能主义。日本的工业设计此时还处于启蒙阶段，设计师到处宣传设计的重要性，呼吁社会和政府支持设计。

1960—1973 年的"商业化时期"：这个时期是石油危机的前期，此时日本经济高速发展，商品需要包装和美化，国内提倡豪华的装饰和外向展示性的花色、花样设计。

1973—1984 年的"理性主义时期"：石油危机提醒了能源缺乏的日本，资源是有限的。危机四伏、公害严重，促使人们追求理性。这个时期日本在"轻薄巧小"风格上增加节能、节油、节约的特点，提出节能设计。

1984 年至今的"个性化、多样化时期"：随着经济大国的形成，产品水平的提高，电脑的普及，消费呈现个性化、多样化的态势。日本开始提倡个性化设计和绿色设计。设计定位与市场定位并行，并不断探索新设计的趋势。

日本工业设计的发展还得益于工业设计在企业发展中的作用得到了企业的认同，像索尼、松下、东芝 (Toshiba)、丰田 (TOYOTA) 等大型企业纷纷设立了设计部门，为日后确立日本工业设计在国际上的地位奠定了基础。随着日本经济结构的调整，日本的家电产业迅速崛起，1946 年松下电器的电饭煲投入市场，1950 年，索尼的录音机开始贩卖。曾经被日本人称为"三种神器"的电视机、洗衣机、电冰箱很快普及，到 1955 年，日本宣布进入了家庭电气化的时代。在这段从无到有的时期，日本的艺术设计表现为功能主义设计的特点，其设计风格主要沿用了欧美的样式。值得一提的是，这一时期出现了以日本特色的设计来推动商品出口的"日本趣味"运动，日本贸易厅和东京都美术馆还联合举办了"日本出口工艺展览会"，虽然这种带有强烈的计划性的运动并没有达到理想的效果，不过它所提及的民族化的问题却对日本的设计界产生了触动。1954 年柳宗里 (Sori Yanagi，1915—2011 年) 发表了"蝴蝶"凳设计，作品以胶合板为材料，利用高周波加热技术成型，构造新颖、简练，蕴含着日本传统建筑的美和传统木工艺的材质美，赢得了很高的国际声誉，作品被纽约现代艺术博物馆永久收藏，如图 3-138 和图 3-139 所示为其作品。20 世纪 50 年代，日本的艺术设计伴随着经济的复苏和振兴得以全面确立，并开始向经济和社会生活渗透。日本工业设计协会、日本平面设计协会、日本展示设计协会、日本艺术设计协会等团体和机构都在这段时期相继成立。由日本通产省颁发、意匠奖励审查会评选的 G 标志商品选定制度也开始施行。

20 世纪 60 年代，日本从"三种神器"进入到"三 C"（彩色电视机、汽车、空调的英文字母都以 C 开头）的时期。1962 年，富士 (Fujifilm) 公司的电子复印机、全自动照相机投入市场；本田 (HONDA)、丰田、雅马哈 (YAMAHA)、尼康 (NIKON)、夏普、东芝、索尼、松下等一批新技术企业走向成熟，他们生产的小型、大众化的产品已跻身国际市场。随着经济的发展和生活水平的提高，装饰品市场迅速扩大，出现了用现代感觉对传统工艺品的形态、色彩进行再包装的"现代手工艺运动"，反映了进入消费社会后对产品象征性的关注，设计上主要以样式设计为主，带有美国商业主义设计的特征。

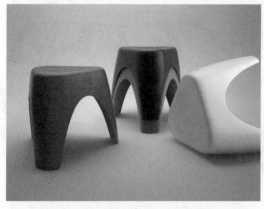

图 3-138　Elephant Stool(1954 年)

图 3-139　Butterfly Stool

1960 年日本政府提出了高速经济成长政策，产业界大力引进新技术和设备，致力于技术革新和提高效率，产品的技术含量和市场竞争力大大提高。东京奥运会以后的 20 世纪 60 年代末开始，日本经济进入高速成长起，一跃成为世界经济强国，汽车，电视、录音机开始出口到美国（见图 3-140）。特别是在微电子工业急速发展、日用电子产品普及化的 20 世纪 70 年代以后，日本产品在设计上的优势充分发挥出来，形成了轻、薄、短、小的产品风格，如同日本"便当（盒饭）"一样的小而全的设计风格（见图 3-141）。日本设计的严谨精细的特点不仅体现在产品上，也贯彻在设计的全过程。面对

图 3-140　Nissan Cedric Sedan(1971—1975 年)

日益激烈的市场竞争，日本的开发型设计发挥出强有力的作用，企业内部的产品设计部门、研发部门、市场流通和销售部门在高度组织化的体系下有效运作，不断发掘用户的实际需求和潜在要求，通过设计将其转化为产品的附加价值。1979 年索尼公司的随身听（见图 2-8) 将时尚与功能、技术与新的形式创造性地融合在一起，是一次带有颠覆性的设计。

图 3-141　索尼公司的产品

经济的成功提升了日本对传统文化的自信和关注，一方面日本的工业设计在战后很快融入国际化的大潮之中，另一方面，传统工艺在生活方式变革中得到了妥善的保存和发展创新。"和式现代艺术设计"将传统工艺简练、素雅、精致、抽象的审美特征，以一种更适合现代人审美心理和产品功能要求的形式表现出来，确立了日本艺术设计在国际上的地位，如图 3-142 至图 3-145 所示。

图 3-142　Nissan Prairie(1982 年)

总体看来，日本在"设计开路、技术立国"方针的指导下，产业经济的发展靠的不是资源，而主要靠市场信息，优良的设计和先进的技术把智力变成生产力，并形成了独特的设计风格。

(1) "轻薄巧小"的独特设计风格。作为一个自然资源相对贫乏、面积狭小的岛国，日本的设计呈现出小型化、多功能、讲究细节的面貌，这些特点不管是在交通工具上，还是消费类电子产品上都有所体现。索尼的随身听就是典型的代表，设计风格简练紧凑，细节的处理相当精致。如收音机薄如一张小卡片。体积小、重量轻的产品必然节约材料，加上处处节能，很有特色，形成了日本设计的主要风格。

图 3-143　Honda Legend(1985 年)

(2) 重视"消费研究"和"使用操作研究"，不断追求实用方便、功能完美。如电饭锅有自动控制、自动显示、定时加热、保温等良好性能，但由于操作显示部分位于锅的周围，十分不便，新的产品已经改在锅的顶部。并且他们还针对不同国家、年龄、性别、职业、爱好及使用环境的目标市场的需要，实行定向设计并使产品系列化。

图 3-144　Nissan Cube

(3) "双轨制"下传统与现代的平衡。在吸收外来文化的同时，日本工业设计在处理传统与现代的关系上，也值得我们借鉴。他们在服装、家具、室内设计、手工艺品等领域内，继承了传统的朴素、清雅、

图 3-145　柳宗里于 1994 年设计的 Water Kettle

自然的风格；而对于一些全新的高科技产品，则按照新技术、新材料的特点，结合目标消费群的需求展开设计，并形成了小型化、多功能、讲究细节的风貌。

　　此外，黑川雅之 (Masayuki Kurokawa，1937 年一)(作品见图 3-146 至图 3-149)、柳宗里、荣久庵宪司 (Kenji Ekuan，1929—2015 年)(作品见图 3-150 至图 3-152)、喜多俊之 (Toshlyukl Klta，1942 年一)(作品见图 3-153 至图 3-155) 和深泽直人 (Naoto Fukasawa，1956 年一)(作品见图 3-156 至图 3-158) 等工业设计家，也让日本设计成为世界工业设计史上不可忽略的一个重要部分。

图 3-146　IRONY 系列产品

图 3-147　GOM 系列产品 (1973 年)

图 3-148　CHAOS 腕表 (1996 年)

图 3-149　SUKI Chair

图 3-150　Kikkoman Soy Sauce Bottle(1961 年)

图 3-151　E3 Series Shinkansen Komachi Train(1997 年)

图 3-152　Yamaha VMAX Motorcycle(2008 年)

图 3-153　Wink Chair(1980 年)

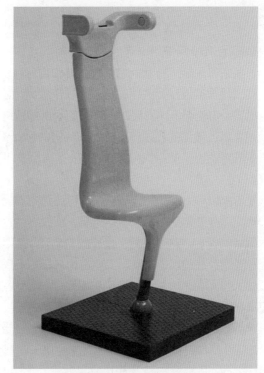

图 3-154 Kick Table(1983 年)

图 3-155 Multilingual Chair(1992 年)

图 3-156 CD 播放机 (1999 年)

图 3-157 Issey Miyake Twelve 系列 (2000 年)

图 3-158 AU Infobar(2003 年)

83

3.2.8　韩国设计

韩国只有不足 10 万平方千米的土地，却有近 4 000 万的人口，资源短缺，过去的经济发展只能依靠加工出口，面临着国际贸易竞争的重重困难和世界性资源短缺及经济危机。20 世纪 60 年代，韩国是继日本之后亚洲最早推进设计进程的国家。由于极大地发挥了工业设计的作用，韩国的经济得到了飞速发展。正当世界经济处于低速发展时，韩国的经济却取得了令世界各国瞩目的进展。

其实，如果算上典型的韩国产品设计，韩国的设计史几乎可以追溯到一个世纪以前。韩国早期的手工产品便已极高传达出了使用性和美学愉悦的哲学，如现代包装设计的稻草编织的鸡蛋容器、分割房间的纸隔板等。

大多数学者都以 20 世纪 60 年代为界，将韩国的现代工业设计大致分为"萌芽"和"发展"两个时期。

1960 年以前的工业设计处于萌芽时期。那时，生产和广告领域虽然对设计也有要求，但实际上仍属纯粹美术领域的设计。这个时期，设计的观念和认识比较混乱，当然，这也几乎是世界各国在工业设计发展过程中普遍存在的现象。韩国工业设计与日本不同，不是先从产业开始的，而是先从教育开始的。1945 年，汉城大学和美术大学设立应用美术系，梨花女子大学、弘益大学设立图案系。学校教育首先强调：传统工艺应该和现代生产相结合，对于传统要重新进行现代的认识。这个时期，韩国的"传统工艺主义"类型和"只求新式的"类型都继承了即将泯灭的传统工艺技术，但并没有把传统工艺的特性应用到现代产业之中。无论从机能性看，还是从艺术性看，这一时期都只是个萌芽期。例如：20 世纪 50 年代前期，"金星"电子公司（后称为 LG）率先成立工业设计部门，对生产的收音机、电扇的外形进行了专门的设计。但是，这些设计始终处在美术产品（其后为应用美术）的阶段。

到了 20 世纪 60 年代，韩国执行发展经济的五年计划，带来了经济的增长、出口的扩大，为了适应这种发展的需要，对设计的民族性、社会性的认识逐步上升到了一个新的高度，即由工艺概念发展为设计概念。20 世纪 60 年代初期，继金星、三星（SAMSUNG）公司成立设计部门后，其他企业也相继成立类似的部门，工业界开始认识到工业设计的重要性。尽管当时这些企业都在仿制国外的产品，但都在为设计有自己特点的商品而努力。因此，在这一时期设计活动十分活跃。

1965 年韩国议会根据汉城国立大学应用美术部的教授们的提议通过了成立韩国工艺设计研究中心的决议。1970 年，根据韩国政府的"扩大出口振兴会议"决定，改名成立了"韩国设计中心"，旨在进行设计研究、开发和振兴出口业务，并为产业和设计师之间的沟通牵线搭桥，使韩国的工业设计逐步走上正轨。

20 世纪 70 年代后，无论在教育方面还是在实际生产方面，韩国的工业设计都取得了很大的进展。一般企业与设计师开始进行实质性的多方协作，不同设计领域的专业化倾向十分显著。设计人员成立了不同领域的组织、协会和专业的个人设计事务所，促进了企业和制造业的发展。后来韩国设计中心又与韩国出口包装中心、韩国包装协会等同类组织合并为"韩国设计包装中心"。"韩国设计包装中心"对提高整个设计，特别是工业设计的质量发挥了重要的作用。每年举办展览会、研讨会和研究发展以及从事设计改良等活动，并派设计师参加国际会议。尤其是 1973 年在东京举行的 ICSID 会上，该中心被接收为会员，激励了韩国工业设计的发展。

韩国将设计看成是一个激发创造力的工具，几乎韩国所有的公司都有自身的设计部门，其任务在于跟随各自市场（亚洲、美洲和欧洲）的潮流和发展，实施新的产品概念，如图 3-159 所示为三星的部分产品。

在汽车工业中，现代（HYUNDAI）、起亚（KIA）和大宇（DAEWOO）是韩国著名的企业，它们的产品范围广泛。而韩泰（HANKOOK）汽车轮胎设计体现了消费者对轮胎外形的兴趣，企业高度市场化的设计产品可以体现公司的技术实力。

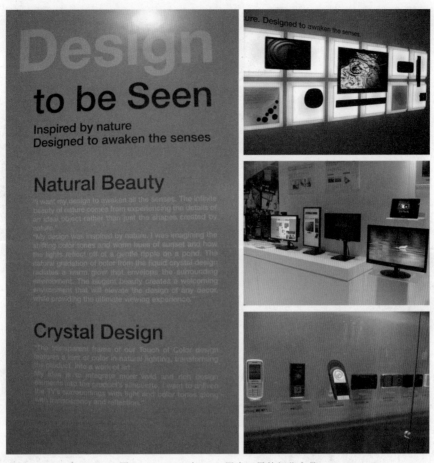

图 3-159　2009 年 CES 展中三星的部分产品

　　21 世纪初，韩国有超过 2 万名设计师和大量的工业设计公司，如 Clip 设计、Creation & Creation、Dadam 设计 (作品见图 3-160)、Eye's 设计、INNO 设计 (作品见图 3-161)、Jupiter 计划、M.I. 设计、MOTO 设计 (作品见图 3-162) 等。

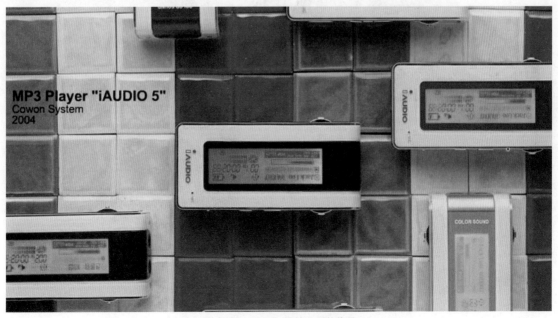

图 3-160　Dadam 设计公司的作品

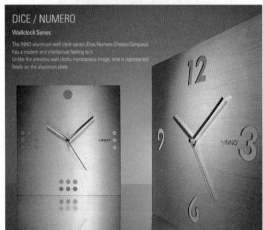

图 3-161　INNO 设计公司的作品

图 3-162　MOTO 设计公司的作品

3.2.9 俄罗斯设计

俄罗斯的设计可以追溯到 20 世纪早期的俄罗斯先锋运动。在这个时期，马列维奇和塔特林发展新现实主义绘画。他们对形状、颜色、平面等的基础研究间接地为后来的基础课程打下了基础。如今我们仍然可以在塔特林的作品中看到自然和技术的总和。他为第三国际设计的纪念塔 (1919—1920 年于莫斯科设计) 被认为是俄罗斯艺术革命的标志性作品，同样也是 20 世纪现代主义的图标。同时，塔特林也设计了服装、餐具、炉具及其他很多物品，并在高等应用艺术学校授课，其遵循的教育原则类似于德国魏玛的包豪斯。塔特林坚信自由艺术应该为技术对象的实用设计提供模型，并尝试去简化设计的标准法则。

在这一时期，国家瓷器工厂出品的很多产品与苏联政府的宣传效应有直接的联系：盘子上有镰刀和锤子的图案，以及"科学必须服务人民""人不能不劳而获"这些类似的口号。很多的纺织品也表现出了新社会主义的号召；建筑也是如此，将自己定位在为革命服务的位置上。

工业设计原则第一次被应用到制造上是在 20 世纪 30 年代。设计师的工作领域有火车头、汽车、电话装置以及莫斯科的地铁建筑项目。

在 20 世纪 40—50 年代之间，在工厂、设计办事处和研究学院形成了很多设计小组。他们工作在航空建筑、汽车制造、轮船修建和机器工具生产等领域。

20 世纪 60 年代苏联发展工业设计最初目的是形成完整的系统并与长期的传统实现联系。按照苏联部长委员会的决定，一个基于科学方法论、符合制造工业的统一系统被建立。之后，全联盟技术美学研究协会在莫斯科成立。它和地方的 10 个分支一起指导着纯研究工作和相应的制造活动。

这一时期，苏联的设计师们常常致力于提升"国民设计"，其结果可以在最初设计的资本货物中看到。基础的人类环境改造学研究和工业生产条件之间的紧密关系，导致了严格的功能主义设计，这一现象在很多社会主义国家中十分典型。其目标不是为消费生产商品，而是为工作的人群创造满意的条件。这样，设计的人文主义目标便陷入了短处，产品的社会用途伴随着个人兴趣出现了。

20 世纪 80 年代早期，苏联的设计已经成熟。在之前的发展阶段中，它在解决重要历史难题过程中已经积累了理论、方法学和实用的经验。这一点可以从产品过剩中看出，例如机器工具的整体特征已经被引进的微电子技术改变。如：欧卡 (Oka) 汽车类似于意大利菲亚特的熊猫 (Panda)，光学设备仿效哈苏的设计。

后来，随着苏联的解体，新独立的波罗的海国家与斯堪的纳维亚的传统纽带开始复活，并开始培养自己的设计活动。但是宏观经济的重建带来了设计政策的极大不连续性。相互经济援助委员会在 1991 年的解散带来了全新的贸易结构，这将俄罗斯的设计直接推向了真正的市场竞争环境。

在意大利菲亚特的帮助下，20 世纪 70 年代一个汽车生产厂在伏尔加陶丽亚蒂建立，其获得国际成功的拉达·尼瓦 (Lada Niva)(见图 3-163) 直到今天还在生产。它体现了第二次世界大战后俄罗斯设计实用、功能主义的特征。拉达车或多或少是目前深受欢迎、各汽车制造商争相推出的 SUV 的先驱。

图 3-163   拉达车

3.3   思考题

(1) 基于时间维度的设计风格研究：依据设计风格发展演变的脉络，结合设计活动、设计师（含设计组织与机构）及其代表作品等内容，制作设计风格演进年表，并思考不同时代背景下设计风格演进的动力与社会影响。

(2) 基于空间维度的设计风格研究：结合英国、美国、德国、斯堪的纳维亚地区、意大利、法国、日本、韩国等国家和地区设计发展的状况思考设计的地域性特征，并依据不同地区的设计师（含设计机构与组织）及其代表作品制作设计风格"地图"。

《第4章》
工业设计的要素解读

⌄

按照《简明不列颠百科全书》对"设计"条目的解释："设计通常受到四种要素的制约：材料性能，材料加工所起的作用，整体上各部件的结合，整体对于观赏者、使用者或受其影响者所产生的效果。"因此，如果包括设计主体和"观赏者""使用者""受其影响者"在内，工业设计应该具有五种要素：人的要素、功能要素、形式要素、技术要素和经济要素。如果再将上述五种要素放到"人—产品—环境"的系统中加以思考，工业设计的常见要素便可归纳为三种，即：人的要素，包括功能要素和形式要素在内的产品要素，以及包括技术要素和经济要素在内的环境要素。

运用科学技术创造的为人工作生活所需要的"物"是工业设计的研究对象。工业设计是一种系统整合行为，是观察、分析、综合、决策、限制及控制的整合。产品是一个整体，衡量一个产品是否合理，必须全面地去评价各子系统之间的关系，孤立地就事论事是没有意义的。过于突出和强调其中一个或几个因素都会形成工业设计的偏颇或异化。如：注重外在物化表现的"装饰论"、突出形态构成要素组织变化的"造型论"、强调"功能决定一切"的"功能论"、强调产品制造生产过程中的技术地位的"技术论"和追求利润的"商品论"等。这些观念都由于未能全面、系统、整体地把握工业设计，突出或夸大了其中的某些元素，从而破坏了各子系统之间的均衡与和谐，形成了错误的工业设计观。所幸的是，随着发展，人们逐步认识到了这一点。大家开始用系统的观念和方法去解读工业设计，并对人与自然、环境、生态、经济、技术、艺术、产品、消费者、企业等诸多相对独立的因素进行了全面、整体的把握，从而形成了注重工业设计的全过程，强调生存方式、环境、生态等因素的和谐关系的设计生态观。换句话说，我们只有通过对产品的功能、材料、构造、工艺过程、技术原理以及形态、色彩等因素进行系统的整合和处理，才能真正实现工业设计的全面价值。

4.1 工业设计的环境要素

具有现代意义的工业设计，是经过工业革命、实现工业化大批量生产以后的产物。而在此之前，人们的造物活动是基于手工劳动的手工艺活动。工业设计的诞生是工业化社会的必然需求和产物。当"基于手工工艺技术的、成本高昂的传统设计（或称工艺美术设计）再也无法满足生产力的发展及商品经济激烈竞争的需要，人们不得不寻找一种基于现代的、机械化的、工程的、工艺技术上的、成本低廉而又具有巨大生产力的设计，最终促成了工业设计的诞生。"

工业设计自诞生之日起，便一直与政治、经济、文化及科学技术水平密切相关，它还与新材料、新工艺的采用相互依存，同时也受到不同时代、不同艺术风格及人们审美取向与爱好的直接影响。

从20世纪初期德意志制造联盟对于标准化、大批量生产方式的探索，到20世纪20年代包豪斯学校现代设计教育体系的确立，又经过了50年代功能主义和国际主义风格的流行阶段，再到60年代的波普设计以及80年代后的后现代设计，如今，工业设计在历经百余年的发展后，正呈现出一种多元化的发展态势。在当今以经济、文化全球化为背景的时代，设计同质化的现象日渐突出。以往各国、各地区力图表现本国、本民族设计特色的努力在全球化大潮的冲击下已日渐消解，取而代之的是诸如生态设计、信息设计、体验设计、整合设计、情感设计等各种新的理论、观念或思潮在世界范围内的不断更迭。

凡此种种，都表明工业设计的发展离不开产品所处的环境。

4.1.1　工业设计的经济要素

工业设计的经济要素具体体现在设计的商品化上，它指贯穿于设计全过程的经济内容和效益体系。

首先，设计需要从模糊的市场需求中把握方向，为市场开拓明确目标。

其次，设计需要不断实现产品的更新换代，以便利用科技进步取得的成果来适应社会生活发展的需要。

最后，设计是创造商品高附加值的方法，它不仅要满足人们的物质需求，还要满足人们的精神需求，满足消费者的情感和美感需求，从而提升产品价值，创造更多的产品附加价值。

1. 构思和经济要素

在构思和策划过程中，经济要素是不可回避的因素之一，它表现在对设计作品的成本核算、市场调查、销售预测、价格设定等方面的信息参考资料。要想使设计作品取得成功，就必须正确把握这些资料，做到有的放矢，根据这些资料适时地调整自己的设计思路和方案。

一则品牌广告、一件家用电器或者一幢住宅，就其本身的成本而言，生产流程、生产技术、产量、价格等方面内容直接影响功能因素的发挥，相应的社会经济环境、市场需求和销售策略则决定了设计作品的实现效果和价值内容。

2. 行为和经济要素

设计的行为过程包括"方案—图纸—投产—成品"的全过程，是实际加工的过程。在构思阶段已充分考虑了诸方面的因素，但在实现过程中，还需对成品化进程中的许多问题进行深入设计。

这一时期的经济因素主要体现在设计作品的试产、批量生产和专利保护等方面。试制过程，是对制作原型进行评价和修正，衡量原型在生产时的材料选择、设备配置、能源消耗等方面的内容，与评价其功能和形式因素具有同等意义；批量生产则是将原型重复生产为相同的各种设计作品的过程，相应的材料、设备、能源和人力投入，以及生产方式的变化必然导致设计作品经济因素的调整。为了取得与设计方案相一致的效果，在把握全部成品的功能和形式因素的同时，还必须考虑到批量生产带来的成本投资、管理投资与最终的价格、利润之间的关系，以保证设计构思过程中预测方案的执行。

3. 销售和经济要素

把设计作品转化为商品是通过市场销售来实现的。应及时调查市场反应和销售效果，综合反馈信息，以改进设计和进行新的设计作品的构思。其中，经济因素不仅体现在设计成品的综合经济价值观中，而且还是改进、更新和促成新的设计方案的产生的基础。

商品的综合价值包括实用价值和附加价值两部分，它们共同组成商品的价格体系。销售渠道的不同，使价格呈现出高低差异。各种促销手段也需要适当的投资，只有全面考虑销售环节和市场状况等各种相关的经济因素，才能使设计作品价值的最终实现与预测方案相一致。市场的反馈，提供了改进设计的依据，往往能取得新的设计构想，得到与设计作品具有本质差异的新方案的雏形的内容，这意味着一个设计过程的完成和新的设计程序即将开始。

另一方面，设计又是最有效的推动消费的方法，它触发了消费的动机。我们在超市购物方面都有一个共同经验，本来进超市时只准备买几件物品，结果却经常推着一车东西走出来，远远超过购物单上所列出的物品。超市里琳琅满目的商品从包装到货柜陈列再到营销方式，都是为扩大销售而设计的。进入超市的人往往有一种身不由己的感觉，不断地"发现"自己的需要，不知不觉中消费了预算以外的商品。设计也能够唤起隐性的消费欲，使之成为显性。或者说，设计发觉了消费需要，并制造出消费需要。当代广告语言学认为，我们身上根本就不存在一种所谓"自然的"和"生理的"需要，任何需要都是外在事物创造出来的，因而它是社会性的。实际上，人类物质消费本质上是一种精神消费和文化消费。路易斯·阿尔都塞（Louis Althusser，1918—1990 年）在他的论文《意识形态和意识形态国家机器（研究笔记）》中援引了马克思的例子：英国工人阶级需要啤酒，法国工人阶级需要葡萄酒，人类需要本身就是某种文化的体现。因此，并不是设计要靠消费的需要决定和解释，而是人类各个时期不同的需要要靠外在的事物来做说明。所以，设计创造消费的能力不仅源于企业对经济效益的追求，而且深深地根植于社会心理同构之中。

4.1.2　工业设计的文化要素

在日常生活中，我们经常可以从各种媒体杂志中了解到与文化有关的词汇，例如饮食文化、酒文化、茶文化、校园文化、企业文化、大众文化、服饰文化等。文化以多姿多彩的面貌呈现在我们的面前；它是特定的人群在一定的历史时期里形成的足以体现其精神、气质和独特追求的物质财富和精神财富的总和，通常包括表层物质文化、中层行为制度文化和深层精神文化三个方面。其中，表层物质文化以器物的方式展现，并以具体的形态、色彩、材质等要素呈现出来，是可见或可触及的，如服饰、食物、建筑、家具等人造物；中层行为制度文化指无法触及却能为我们所感知的制度、风俗习惯、生活方式、生产方式等；深层精神文化则指人们的价值取向、审美趣味、思考方式等，它是内隐而不可轻易感知的。

作为一名工业设计师，除了考虑产品的功能、形态、色彩、表面材质处理之外，若能从人们的生活方式、风俗习惯等方面加以考虑，则能极大地开阔设计的思路。对于用户精神层面需求的关注，也越来越受到当今各国设计师们的重视，如德国著名的青蛙设计公司(Frog Design)就提出了"形式追随情感"(Form Follows Emotion)的口号。

作为工业设计的对象，产品本身是物质的，因此，工业设计首先为我们创造了物质层次的文化。从汽车、火车、飞机等全新的交通工具，到电话、移动电话、在线交流工具等全新的人际交流工具，再到冰箱、洗衣机、微波炉等全新的家用电子产品，20 世纪的物质文化达到了一个前所未有的高度。试想一下，倘若没有工业设计师的参与，这些产品又如何能够迅速地融入我们的生活，为我们的生活带来如此多的便利和舒适呢？在我们的日常生活中，常常会有这样一些非常实用却很平凡的物品，平凡到我们认为它们的存在是理所当然的，更不会去深究何时、何地、何人发明了它们。一个典型的例子，就是办公室里所用的钢管椅（见图 4-1），其造型很有现代感，结构也非常简单，一般使用者是不会去深究到底是谁最先发明该类型钢管椅的，但学过设计史的人肯定能从中发现包豪斯时代钢管椅的影子。工业设计就经常以这种幕后英雄般的沉默方式丰富着人们的生活。

工业设计不仅为人们创造了丰富的物质文化，还创造着行为制度层次的文化。首先，工业设计的结果——新产品的推广使用，不仅丰富着人们的生活，还给人们的行为、生活习惯带来变化。以消费类电子产品中的移动电话为例，它给人们带来了新的沟通方式，随时随地保持联系成为非常容易的事情；与传统的固定电话相比，这种随时随地的交流方式是革命性的突破，不管我们是在听演唱会，还是在看一场激烈对抗的足球比赛，都可以通过移动电话让朋友感受到现场的热烈气氛。再者，在工业设计工作展开的过程中，作为一名优秀的设计师，不仅要考虑物品的功能、形态、色彩、表面材质处理效果等，而且还要认真观察用户的日常生活，分析他们使用产品的各种习惯，并找出其中存在的不方便之处和用户未被满足的潜在需求。工业设计不仅是一种外观和形态的设计，更要通过观察、研究人们的行为、习惯，设计出更符合人们使用习惯、使生活更加合理的新产品。工业设计不仅设计着"物"本身，更对与"物"相关的"事"进行着设计。

除了上述两个层次，在精神文化层面，工业设计同样起着创造性的作用。首先，不同时代出现的各种设计理念丰富了人类精神文化的宝库。我们可以回溯到现代主义设计的诞生地——包豪斯。从现象上看，包豪斯师生们提倡使用现代材料，以批量生产为主要手段，设计出形态上简洁、合理的新产品。在这种现象背后，我们可以依稀分辨出包豪斯的创立者们所具有的理想主义色彩和试图通过设计帮助普

图 4-1　办公室中的钢管家具

通大众改善生活水平的崇高追求。再如后现代主义的一些代表作品，如文丘里设计的带有图案化表面的椅子（见图 3-10），或是格雷夫斯设计的带有小鸟壶嘴的水壶（见图 3-53），又会发现它们与现代主义有着截然不同的趣味和追求。与简洁、纯粹、理性的现代主义产品相比，许多后现代主义产品都采用了图案或装饰的手法，增添了产品的人情味，反映了设计师们对于使用者心理和情感的关注。每一种设计观念或是流派的出现，都与那个时代出现的重大问题息息相关，也都在精神层面上为那个时代的设计师们指出了努力的方向。工业设计在精神文化层次的创造性活动，不仅体现在新的设计理念的提出，也体现在具体的产品设计上。除了对外观和使用功能上的考虑之外，很多产品还具有精神上的象征意义，设计师们通过造型语言的运用，使人产生某些精神上的联想。

设计既是文化的能动创造手段，又深受文化的影响。不同国家或地区之间，其环境、气候、地理、物产等方面存在着一定的差异，加上历史发展轨迹的不同，会形成这一国家或地区独特的精神面貌、生活习惯、物品特征——也就是我们所说的文化。这些文化上的差异性和独特性，反映了人类文化的丰富性和多样性。所谓民族风格和民族特色，包括设计的物质产品的风格特色，正是民族文化模式的一种表现。如美国崇尚商业性设计的理念，善于运用高新技术，能够包容各国不同的风格。美国早期的工业设计师来自各行各业，如平面设计、舞台设计等；作为一个移民国家，有很多外来设计师为美国的工业设计做出了贡献，如罗维来自法国，萨里宁来自芬兰。德国则是理性主义和功能主义的国度，设计严谨精密，质量可靠，它早期的设计师大多数具有一定的建筑师背景。而以丹麦、芬兰、瑞典为代表的北欧设计，关注家庭和情感需求，在传统工业上谋求突破，北欧很多设计师都有一定的木工经验。意大利具有悠久的文化艺术传统，设计师享有很高的社会地位。

4.1.3　工业设计的技术要素

技术要素，是指在设计、生产和使用过程中所运用的技术方法，具体体现在设计的物质性上。广义地说，技术概念不仅指根据生产实践经验和自然科学原理而发展出的各种生产工艺操作方法和技能，还包括相应的生产工具和其他物质设备以及生产的工艺过程或作业程序、方法。

我们知道，工业设计着眼于人的需求，以产品设计为主体，通过创新，使产品的外观、性能与结构相互协调，并在确保产品技术功能的基础上给人以舒适和美的享受。在这个过程当中，工业设计不仅需要运用各种技术，而且产品的造型还受到材料、结构、工艺及其他因素的共同制约。

技术条件，包括材料、制造技术和加工手段，是产品得以实现的物质基础。以通信技术的发展为例，正是依靠通信技术的发展，人们才能拥有形态各异的电话。从根本上说，工业设计是工业革命的产物，

工业革命确立了机械化的生产方式，这种机械化的生产方式所带来的产品大批量生产，在促使产品设计和制作过程分离的同时，也使得产品设计更依附于现代科学技术。工业设计从它诞生的那一天起，就注定了它离不开技术的支持和制约。

反过来，社会前沿的科学技术依附于技术产物进入人们的生活，成为具有一定功能的产品，同样离不开工业设计。如果没有设计，玻璃纤维增强塑料模压成型的工艺也只能是一种技术，自然也就不会出现萨里宁 1946 年设计的胎椅（见图 4-2）。毋庸置疑，工业设计与技术相互依赖、相互支持，共同为创造适合于人们使用的技术产物而服务。正是两者的结合，才使得技术产物经过功能和形式的设计，将人们从繁重的生产劳动及琐碎的日常事务中解脱出来，改善并提高人们的生活质量，引导人们生活观念及生活形态的变化。

图 4-2　胎椅

首先，设计的发展是建立于技术发展的基础之上的。事实似乎总是这样，技术的发展造就了相应的各种机器和工具，产生了各种各样的工艺操作方法和过程，新能源、新动力以及新材料被源源不断地运用到设计实践当中，接着又凭借这些工具、机器、工艺以及新的材料等，新的产品被不断设计和生产出来，改变着人们的生活方式。20 世纪，大量质感各异、性能优异的新材料为设计师提供了多样化的选择，拓宽了设计创意的自由度，极大地丰富了产品的形式与风格，就是一个有力的例证。

如图 4-3 所示，从左至右依次为：索纳特椅子、瓦西里椅子、巴塞罗那椅、郁金香椅和旋转扶手椅。其中：销售量超过百万件的索纳特（Thonet）椅子产生于 19 世纪中叶，是索纳特工厂发明的弯木和塑木新工艺的直接产物。设计师布劳耶设计的钢管椅开创了现代家居的新纪元。他所设计的椅子充分利用了钢管加工的特点和结构方式，使钢管和皮革或者纺织品相结合，椅子造型优雅、轻巧，功能良好，是现代设计的经典之作。巴塞罗那椅是利用钢骨材料的弹性将椅脚、座位和靠背一体成型，并用皮革来制作坐垫和靠背部分。萨里宁设计的郁金香椅使用了塑料和铝两种材料以及不会压坏地面的圆足设计。1996 年，设计师威利姆·比尔·斯登夫（William Bill Stumph）和顿·恰·维克（Don Chael Wick）共同设计的办公椅，采用具有弹性、透气性和触感良好的织物绷在强化聚酯框架上，用高强度特铝合金做成结实耐用的、方便组装、拆卸和修理的扶手、椅腿和支架等，在椅子上还设置了手动调节装置，可以随时调节座椅的形态……这些形态各异的椅子的产生，都是建立在当时的新技术、新材料或新工艺的技术平台之上，因此，不同时期的椅子的形式也成了对应时期的技术的一个注解。

图 4-3　不同技术背景下的椅子

同样也是因为技术的发展，今天各种各样的报纸和杂志上印刷出版了很多信息图形——地图、图表、图形、示意图等，这些都是引入计算机图形系统之前难以想象的。计算机图形技术提供了图形印刷的技术支持，使设计的手段和表现形式都呈现出新的面貌。

由此看来，设计的发展不能脱离技术的发展，技术的进步为设计的发展提供平台。设计是设计师依靠对其有用的、现实的材料和工具，在意识与想象的作用下，受惠于当时的技术文明而进行的创造，是一种主观活动。主观活动的主体为技术形成的环境所包围，技术状况发生变化，人们所使用的技法、材料、工具也随之变化，毋庸置疑，技术对设计创造产生着直接影响。

设计的发展对于技术的进步又有何影响呢？我们先看看下面这个例子。

20 世纪 70 年代末，电子技术的发展为音乐爱好者提供了一种新的产品形式——立体声录音机。有了立体声录音机，人们随时随地可以欣赏音乐，不必着正装到剧院去欣赏。日本索尼公司的创始人井深大 (Ibuka Masaru，1908—1997 年) 先生酷爱音乐，为了防止听音乐时干扰别人，他经常手提着一部录音机，头戴着一个笨重的标准耳机。索尼公司的另一位创始人看到这一情景，马上捕捉到人们对"方便流动的音乐的需要"，立即组织技术人员以产品小型化为目标，专门进行材料、工艺、元器件到工装设备的一系列研制、改造，并用最快的速度推出了一种新型的、便于人们携带和使用的音乐播放器 Walkman，结果大受欢迎。索尼公司又相继推出防水型以及带调频波段的收录两用 Walkman，也取得了巨大成功。从这个例子可以看出，是人们对微型录音机这种新的产品形式的需要刺激了相应的新技术的发展。设计的需求变化刺激技术的新发展。

综上所述，技术是工业设计的手段和基础，技术的发展为设计的发展提供了一个平台，成为设计发展的基础；同时，工业设计又是创造技术产物的手段和将技术转化为生产力的重要环节，工业设计就像是架设在科学技术与人类生活需求之间的一座桥梁。工业设计与技术相互影响，相互促进。

4.1.4　工业设计的社会要素

马克思曾指出："实际创造一个对象世界，改造无机的自然界，这是人作为有意识的类的存在物的自我确证。诚然，动物也进行生产。它为自己构筑巢穴或居所，如蜜蜂、海狸、蚂蚁等所做的那样。但动物只生产它自己或它的幼崽所直接需要的东西；动物的生产是片面的，而人的生产则是全面的；动物只是在直接的肉体需要的支配下生产，而人则甚至摆脱肉体的需要进行生产，并且只有在他摆脱了这种需要时才真正地进行生产"。可以说，在设计的创造和产出过程中，人的内涵从生物的人延伸到思想的人，从生物性走向社会性。设计的社会要素则具体体现为设计的伦理问题和设计师的伦理问题。

在设计所衍生出的一系列社会层面的内容中，设计的伦理问题尤其重要，它决定了设计价值的归属。所谓设计伦理，即设计所包含的道德因素和设计的人道主义精神。设计是通向未来的事业，它不仅仅把技术转化为产品，还具有整个社会理想的高层次的精神活动，因此要致力于社会道德准则的形成和人际关系的健康发展。概括地说，它包含两方面的内容：第一，设计师的道德问题，即设计的目的是长远的、还是短视的，是大众的、还是私利的；第二，设计本身的伦理问题，它与某些社会学的内容相关，不是由设计师个人的力量所能决定的。

19 世纪德国哲学家马丁·海德格尔 (Martin Heidegger，1889—1976 年) 对技术的追问对于设计同样适用，我国先秦时期的道家已经对器用不当的危害进行了精辟的论证。设计对人类生活的作用究竟是利大于弊还是弊大于利？以人来控制机器还是以机器来控制人？

马克思在谈到劳动的异化时说："劳动为富人生产了珍品，却为劳动者生产了赤贫。劳动创造了宫殿，却为劳动者创造了贫民窟。劳动创造了美，却使劳动者成为畸形。……劳动生产了智慧，却注定了劳动者的愚钝、痴呆。"在这里，马克思认为异化"不仅意味着他的劳动成为对象，成为外部的存在，而且意味着他的劳动作为一种异己的东西不依赖于他而在他之外存在，并成为同他对立的独立力量；意味着他给予对象的生命作为敌对的和异己的东西同他相对抗。"随着设计的发展，越来越多的异化问题产生，设计师的理想与现实之间的矛盾也逐渐凸现出来。例如，现代主义设计的标志之一——摩天大楼，一方面有效地解决了人口爆炸与用房短缺的矛盾，在有限的空间里，解决了大量人口的居住问题。但是在另一方面，除了玻璃幕墙的空气污染和能源损耗问题，单元楼也使人与人之间隔离起来，阻断了人们之间、邻里之间正常的交流，破坏了居民之间自然的人际关系。往往隔壁的邻居之间互相不认识，甚至老死不相往来的状况非常普遍。这种状况增加了人与人之间的信任危机。对于孤寡老幼等弱势人群来说，弊端则更加明显。长期在这种环境下居住，人的性格容易走向极端和偏执。近年来公布的城市人口自杀率和犯罪率的增加，与居住环境的恶化不无关系。

同样，随着新商品的大量涌现，广告成为获得消费认同的重要手段。越来越多的商家和生产者为扩大产品的知名度，无限地夸大了广告产品的实际价值和作用，对消费者进行误导，这种行为是违背广告设计伦理的。在日益激烈的竞争环境下，唯利是图，甚至不择手段的现象屡见不鲜，随之也展开了对广告行业的风气整顿，对广告行业的整风实际上与设计伦理所倡导的内容是一致的。但是，如何在保证广告效果的情况下，适度保证广告产品的真实性和信誉度，在实际操作中是很难把握的。只有在政府的干预下，广告业整体的伦理约束机制才能自发形成，设计的伦理问题才能得到根本解决。再如，电视机在现代家庭的普及，既扩大了人们的视野，也剥夺了人们依靠自身来发现和认识世界的权利。研究表明，电视占有了人们大量的休闲时间，使家庭成员之间的沟通减少，影响了学生完成家庭作业的质量，压缩了人们参加休闲运动的时间，由电视所带来的视力下降、精神紧张、脊柱劳损等健康问题也非常突出，这些都可看作设计衍生出的伦理问题。正如 Domus 杂志主编维托里奥·马尼亚戈·兰普尼亚尼 (Vittorio Magnago Lampugnani, 1951 年—) 所言：我们把设计看成一种极具耐心的、思考周密的、精确无误的且富有竞争性的工作，我们通常希望其结果是实用的、精美的，只在极少的情况下我们期待它成为一件艺术品，但这还不够，必须"坚信设计的社会功能意味着引导它脱离单纯的愿望并且使之不仅回归于美学而且回归于伦理的范畴"。

在设计的过程中，我们常常能遇到道德与利益的冲突，设计是坚守道德的底线，还是屈从商业的利益，设计师的作用是毋庸置疑的。以 20 世纪 50 年代美国推出的"有计划商品废止制"为例，其目的在于通过新奇、多变的产品外观吸引消费者，倡导个性化消费方式。面对势不可挡的经济利益，设计师对产品的使用周期进行了设计，即在正常的使用情况下，人为地缩短了产品的使用寿命。它的直接后果是，一大批不符合产品设计规律和法则的设计涌现出来，不断刺激和强制增加消费额，造成了大量的人力、物力、财力的浪费。此外，一些不合理的仿生设计，如模拟飞鸟外观造型的汽车驶上街头，增加了交通事故发生的比例。这种单纯从商业利益出发的设计行为，无疑是反伦理的，与设计师对设计的价值取向不无关系。

时代发展到今天，设计师的社会责任问题不仅是设计师个人的修养问题，更是关乎社会和谐稳定发展的重大课题。以我国为例，每年用于礼品包装的费用越来越昂贵 (见图 4-4)，甚至出现中秋节月饼礼盒的价值大于月饼的价值的现象，严重背离了设计的目标，同时造成非正当竞争和材料的极大浪费。这是一种典型的设计异化现象。

通过产品所建立的人与物之间、人与人之间的关系在一定程度上决定了社会是否能够健康、有序地发展。设计是一个点，通过这个点可以影响到整个社会的未来面貌。如图 4-5 所示，可口可乐公司推出的包装，为减少材料浪费和对环境的污染，去掉其传统的红色包装。因此，设计师的责任是重大的，设计师要关注的不仅有设计本身的外观和功能，更有设计对社会的干预，即设计行为对人类社会产生的影响。毕竟，对于生活在人口膨胀时代的人们来说，人类共有一个家园。在人类满足生存需要的同时，更应着眼于未来的发展。绿色设计、生态设计、人性化设计、伦理设计等理念成为当今社会最流行的语汇，它们为设计的未来指明了方向。

图 4-4　月饼包装设计

图 4-5　可口可乐的包装设计

　　早在 1962 年，米加·布莱克 (Migha Black) 就提出：一位工业设计师的职责是设计有用且令人愉快的物品，而且他能够推动形成，至少能巩固使它们表现出富有生机、朝气蓬勃的社会面貌，而不是空洞地反映低级平庸的社会现象。彼得·多默 (Peter Dormer) 在评价这句话时，认为它详细地说明"令人愉快"的内涵，使有思想的设计家和有责任的制造商、零售商及消费者都具有直接而深刻的社会价值观。设计师与其他设计群体之间存在着互动关系，即设计师能通过其作品熏陶消费者，提升其生活品位；反过来，消费者的品位上升后，也能促进设计师进一步提供更多、更有意义的作品，这是一种良性循环。设计师的社会责任决定了设计的未来，以社会公德心自觉地抵御设计中颓废、堕落、不健康、不文明的东西和有悖伦理的不良风气是养成设计师职业道德的基础。

4.1.5　工业设计的物理环境

　　建筑设计中，设计师常常需要深入考察建筑物所在地的地理状况、天气情况、人文环境等因素，并综合上述因素完成设计。以弗兰克·劳埃德·赖特 (Frank Lloyd Wright，1867—1959 年) 的"有机建筑"为例。在大草原上营居，由于风大、太阳毒，所以建筑环境要低矮，要贴近地面向水平方向发展，要有伸展的遮阳，不仅可以避免眩光，而且可以在伸出的檐下制造阴影，从而成为生物喜爱的生存环境。这样的思考方法，就是科学的与纯理性的。在大草原上营居，也可以从对大自然生存环境的体会来进行思考。可以想象一棵大树，在这样的环境下，倾向于向水平伸展，枝叶茂密，伸展得远，树下就形成一个独立的生态天地，生机蓬勃，充满了生命的故事，也孕育了生命。如果把建筑看成这样一棵树，就是使用隐喻、艺术的思考方式来解决居住问题。

　　就工业设计而言，我们不能忽视的现象是：任何一个设计的对象物总是处于该产品、相关产品及其相关人员所构成的某一特定时间条件下的使用场景中。即产品常常处在一个物理空间及该空间中其他物化形态的共同空间环境。这一物理环境对产品设计的影响体现为产品与这一空间环境的协调性，这一协调性不仅体现在形态、色彩等要素上，还体现在功能使用与收纳方式的处理上。如：计算机主机与电脑桌、显示器、键盘、鼠标、音箱，如图 4-6 所示。因此在进行相关产

图 4-6　计算机及其使用环境

品的设计时都需要认真考虑其他物品对该产品的影响，否则就会出现大家经常诟病的笔记本电脑 USB 接口与 U 盘尺寸不相容的现象。

4.2　工业设计的产品要素

虽然格罗皮乌斯在《包豪斯宣言》中宣称"工业设计服务于人而非产品"，而且我们现在提倡"以人为中心"的设计理念，这些都表明工业设计活动的目标应该是人。但是工业设计活动要实现为人服务的终极目标，必须以产品为载体和依托。所以，在此我们很有必要深入分析工业设计活动中"人—产品—环境"系统中的产品要素。

工业设计在其设计过程中为实现设计目标而必须要考虑的产品相关要素，主要包括四个方面，即：产品的视觉感受、物质功能、技术条件以及经济因素或成本。

视觉感受是精神文化层面的因素，它反映了在人、产品与环境的相互关系中产品形态的秩序状态或者审美性，具体表现为产品形态的整体和细节给人的感觉。一般来说，如何使产品给人以良好的视觉感受是工业设计师重要的工作内容之一。由于产品给人的视觉感受与诸多复杂的因素，诸如产品形态（与材质、形状、尺度、比例、色彩、质感、工艺水平等有关）、产品功能、产品所处的环境及时代性、人的审美情趣（与人的年龄、文化修养、审美能力、性别、社会地位等有关）等密切相关，因此，在设计的过程中必须综合各方面的因素，使产品具有相应的审美性，即视觉感受。

物质功能在这里是指产品物理性的实际效用，例如钟表的计时功能、灯具的照明功能等，它是产品存在的前提。产品的功能作为人的能力的扩大与延伸，应当便于使用、高效和具有良好的其他人机工程学品质。按照专业分工，使产品具备良好的物质功能主要是工程技术人员的任务，但是设计师必须参与功能规划、定位等相关工作，并通过其所设计的产品形态充分体现产品的功能。

技术条件是保证工业产品具有良好的视觉感受与功能的重要基础，它表现为产品技术原理、结构、材料、加工与生产的质量等。产品技术问题的解决主要由工程技术人员考虑，但设计师必须按照设计的目标提出自己的要求和选择意见。

经济因素在广义上讲是指完成产品设计与制造的费用以及产品的经济效益；从狭义上讲，产品的经济因素就是指产品设计与制造的成本。

4.2.1　产品的物质属性

在"人—产品—环境"系统中，产品是工业设计的主要对象，一方面它是系统中"人"这一要素的对象物，如制造者的制品、购买者的商品、使用者的用品等；另一方面又是这一系统中"环境要素"的构成因素，产品的宏观环境主要包括前文所述的经济要素、文化要素、技术要素和社会要素，而微观的产品环境则是由与产品相关的人和物所构成的物理环境，显然，上述两种环境因素的构成都离不开"物"的要素，即产品要素，或者是设计中的对象物，或者是与该设计的对象物相关的其他产品或物品。所以，在设计的过程中，我们很有必要重新认识产品的属性。

还是以手机为例：西门子 Xelibri 亚太区市场总监 Aldo P.H.M. Spaanjaars 在 2003 年 Xelibri 产品发布会上提到 Xelibri 的时候说道："Xelibri 是我们自创的一个词，发音很接近英文中的 celebrate 或者是 celebrity，就是明星和名人的意思，有很积极的时尚气息。我们的目标顾客应该是那些崇尚时尚与科技进步的人们，无论年纪多大，他们喜欢派对，喜欢打扮，喜欢酒吧和娱乐场所，他们希望过时尚生活并为之努力。这是一个全新的概念。西门子的宗旨不会改变，它的确是科技含量很高的手机品牌。作为西门子旗下新生的时尚手机，Xelibri 不仅是一款高科技手机，更重要的它代表了时尚精神，它首先应该是一款时尚配饰。"

从这段话中，我们可以发现西门子的 Xelibri 系列手机是时尚配饰和高科技手段的结合。因而，这一系列手机从风格、形态及使用方式上更多地体现了时尚配饰的特征，如图 4-7 所示。

无独有偶，史蒂夫·乔布斯（Steve Jobs，1955—2011 年）在 2007 年 1 月 9 日 Macworld 大会上发布 iPhone 的时候，也说道："今天，我们要发布三件同一重量级的革命性产品。第一件产品，是一台宽屏可触摸的 iPod；第二件产品，是一台革命性的手机；第三件产品，是一台前所未有的互联网通信设备……这三件产品并非

图 4-7　西门子 Xelibri 系列广告

独立的设备，它们是同一台设备。我们把他叫作 iPhone。今天，苹果要重新发明手机。"其中，分别用 iPod、手机和互联网通信设备三个概念对手机进行了重新定义。

由此可见，对产品属性的认知对产品及其设计有着重要的意义。

首先，作为实体的产品，是由产品的物质功能、技术条件和视觉感受等要素所组成的综合体。产品的物质功能、视觉感受与技术条件是相互依存、相互制约，而又不完全对应地统一于产品之中的辩证关系。透彻地理解并创造性地处理好这三者之间的关系，是产品设计师的主要工作。

其次，从空间角度而言，产品作为一种物质，是客观存在的，也即产品应具有时间属性和空间属性。其时间属性体现为产品使用情境中所指的 WHEN 概念，即产品的使用时间，而且由该时间要素进一步确定了产品的故事情节；其空间属性则表现为微观的物理环境要素，即设计对象所处的由该产品、相关产品及其相关人员构成的特定时间条件下的使用场景。

最后，就时间角度而言，任何一件产品都有其生命周期（此处借用"生命周期"的概念来说明产品从诞生到消亡的全过程），具体表现为"作品——制品——商品——用品——废品"，即产品从概念到作废的全部过程。

4.2.2　产品的生命周期

如上文所述，产品都有着从概念设计到用后废弃处理的"作品——制品——商品——用品——废品"的生命周期。

1. 作品

设计师在进行创作时总会或多或少地体现出自己独特的设计风格：一方面因为在设计活动中设计师总会凭借自己的经验知识去进行设计，一旦经验的累积达到一定的程度，那么其设计作品就会自然而然地烙上其独特的个性，或体现在风格的运用上，或体现在线条的掌控上，或体现在色彩的搭配上，或体现在细节的处理上；另一方面因为在设计过程中总需要表达出设计师个人对某些特殊要素的理解，如对产品使用情境的理解、对产品使用者特征和需求的预判、对设计作品好坏的评价等，而这些问题原本就是仁者见仁智者见智的问题。

所以，在设计的过程中，体现出设计师的个人情感也就在所难免。也就是说，产品作为设计活动的作品，具备表达设计者个人情感的特性。

2. 制品

尽管产品作为作品都会体现出设计者的个人情感，但是设计毕竟是设计，而不是艺术，它需要进一步转化为大批量生产模式下的产品，所以设计更多的时候还要考虑其作为制品这一属性的诸多因素，如材料的选择、成型工艺、表面处理工艺、工装设备等。

如前文所述，产品会受到材料、结构、工艺及其他相关要素的限制。但材料、结构、工艺等因素同时又会促进设计的发展。从中世纪时期的哥特式座椅，到 19 世纪中叶出现的以弯木和塑木新工艺生产、可以自己装配的索纳特椅子，到 19 世纪末 20 世纪初新艺术运动时期出现的铸铁座椅，到 20 世纪 20 年代设计师布劳耶设计的钢管椅开创现代家居的新纪元，到 20 世纪 30 年代以阿尔托为代表的斯堪的纳维亚设计使用胶合板材料设计的大量座椅，到 20 世纪 40 年代使用玻璃纤维增强塑料模压成型工艺的胎椅，到 20 世纪 50 年代使用塑料和铝两种材料以及不会压坏地面的圆足设计的郁金香椅，等等，无不体现出材料及其加工工艺对设计的影响，而这也正是产品作为"制品"这一属性需要着重考虑的因素。

此外，还有结构和构造的因素，也是产品的"制品"属性需要考虑的重要因素。如图 4-8 所示，手机便从结构设计的角度，实现了直板手机到翻盖手机、滑盖手机、旋转手机、侧滑盖手机等形式的创新。近年来，以 iPhone 为代表的大屏幕智能手机又提出了曲屏、无边框等基于结构和构造的造型设计创新。

图 4-8　手机的不同结构和构造形式

3. 商品

设计师的作品首先要能转化为以"大批量"为主要特征的流水线上的制品，这样设计才会变得更有意义；但如果仅仅停留在这个阶段，而不进一步去考虑设计的商品化，那设计又会前功尽弃。因为，作品必须要经过流通到达消费者和使用者的手中，才能真正实现其"为人服务"的目标。也就是说，我们要进一步考虑其作为"商品"的社会属性。

其中，产品的包装设计、销售与营销设计、广告策划、售后服务等虽然不属于工业设计的范畴，但也应成为工业设计师考虑的因素。

4. 用品

工业设计的真正目的是完成某件产品的设计并通过该产品的使用实现其"为人服务"的价值。所以，设计的目的性是其首要特征，具体则体现为产品作为"用品"时与该使用情境中相关人员的关系。

首先，产品使用起来应该特别方便，能充分实现其使用价值。如灯具是为了照明、手机在打电话的时候拿着比较舒服、办公用的桌椅用起来比较稳定而且长时间使用时不会感觉到不舒服等。

其次，产品使用起来应该比较舒适，并具备一定辅助功能。一方面我们在实现了产品基本功能的前提下，进一步提高其为人服务的质量，以使产品的使用者能较舒适地使用该产品；另一方面，产品除了其基本功能以外，还有辅助功能，我们可以通过为产品增加辅助功能提升产品的使用价值。

最后，产品能承载和实现使用者的某些梦想。也就是说，设计"有用的、好用的而且希望拥有的"产品。如吉普(Jeep)所营造的越野感（见图4-9）、哈雷摩托所体现的尊贵感和运动感（见图4-10）等。

图4-9　吉普广告

5. 废品

自20世纪80年代开始，我们越来越关注设计对环境的影响，并由此提出了以3R(Reduce、Reuse、Recycle)为特征的绿色设计，倡导我们在设计的时候要充分考虑产品对环境的影响。

例如一次性消费的日用品，从设计角度来看，它是成功的，它给人的生活带来便利，又给商家带来利润；但从人类长远的利益考虑，从人类未来的生存环境角度来看，一次性消费品是有害的。

图4-10　哈雷摩托广告

又如可回收材料在设计中的利用，现在越来越多的设计中置入了某些采用可回收材料制成的部件，且这些部件可以在其他某些产品上通用。这些便是从产品的"废品"属性出发对其进行的设计，如图4-11所示。

可以毫不夸张地说，如果我们在设计的时候仅仅将每一件产品作为自己的作品，那么这件产品最终可能只会是设计师的一幅画作而已；如果我们在设计的时候只是将其作为一件制品，那么这件产品的结局将是从流水线上下来的时候便已寿终正寝；如果我们在设计的时候只是将其作为一件商品，那么这件产品即便我们买回来了也只会将其束之高阁最终被灰尘覆盖；如果我们在设计的时

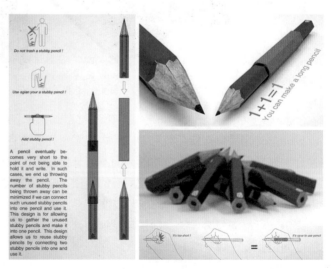

图4-11　1+1=1：废旧铅笔连接器

候只是将其作为一件用品，那么这件产品实现了其功能之后便会成为鸡肋甚至会成为我们生活的累赘。只有在设计的过程中真正考虑到了产品作为作品、制品、商品、用品直至废品的不同属性，设计才能真正实现其价值。

4.2.3　常见的产品设计要素

1. 功能

功能可以理解为功用、作用、效能、用途、目的等。对于一件产品来说，功能就是产品的用途、产品所担负的"职能"或所起的作用。在设计史上，无论是"功能主义"，还是"一般功能"，又或者是"功能否定"，这些关于设计的功能问题一直都是设计师或者设计理论家不可回避的一个问题。可以说，功能问题一直就是工业设计的核心问题。

从功能所体现出来的内容来看，功能要素包括实用功能、认知功能、象征功能和审美功能。

1) 实用功能

实用功能，是设计目标与人的需求目标相一致的物质能量，也称物质功能。一方面它体现出工业设计产品自身的物质属性所传达的用途和意义；另一方面作为与人交换和使人满足的媒介。由结构、材料和工艺技术等要素组成的品质，在形成过程中，是以最符合目的性的用途为原则的。

实用功能作为功能因素的基本内容，是认知功能和审美功能产生的基础。

2) 认知功能

认知功能，指由设计作品的外在形式所呈现的精神功能。外在形式的内容，直接影响着人对设计作品的认知定向，影响着人在使用时的行为观念和心理趋向。而认知是指通过人体器官接受各种信息刺激，形成整体知觉，从而产生概念或表象。因此，认知功能还需要依靠实用功能才能传递足够的信息。

认知功能直接影响人对设计作品的识别和由此确定的心理定向，从而进一步影响人对物的判断和行为，包括喜爱和厌恶、接受和排斥等。认知功能显示了物的特性和运用方式。

3) 象征功能

象征功能，是认知功能的深层反映。它传达设计作品"意味着什么"的信息内涵，提示这种内涵的某种替代所隐喻与暗示的思想，也体现出社会意义、伦理观念，是象征符号形成和运用的结果。

如：一个家庭门厅装饰的档次，不仅表现出它实在的用途，同时还显示出主人的经济水平、身份与审美取向；一个人服饰的款式、质地、色彩和穿着方式，往往提示着这个人的素养及性格状况。

象征功能还能折射出一定时代、民族和历史传统所构成的文脉，成为人与人之间思想交流的重要手段。

4) 审美功能

审美功能，是指设计作品的构成形式所体现的美感品位。这种美的品位感受，是设计作品与人之间发生相互关系而产生的具有高级精神功能的因素。物品在使用过程中能否使人产生美感，是判断设计作品是否具有审美功能的依据，而美的取得一方面来自物品自身的整体形象所显示的功能、形式和技术因素，另一方面也来自于人的情感体验。

具备功能美和形式美的设计作品，如果没有人的情感认同，是不可能独立存在的。情感认同的超功利性和直觉性，都使审美功能以非理性和非逻辑性的复杂状态显现，同时，它又是可以通过功能美和形式美的统一完善得到的。

因此，审美功能的建立，必须是在综合了设计作品的实用功能和认知功能，综合了人对以往相关物品的使用经验和认识，综合了人在不同的社会需求和精神需求的基础上萌发的情感认同和审美感受。这也成为影响人们对设计作品进行综合评价的重要因素。

　　如果根据产品功能的性质、用途和重要程度来看，功能要素又可以分为基本功能与辅助功能、使用功能与表现功能、必要功能与多余功能等。

1) 基本功能与辅助功能

　　基本功能即主要功能，它是指体现该产品的用途的必不可少的功能，是产品的基本价值所在。如图4-12所示，长尾夹、木质底座和橡胶底座三种不同形式的设计，均较好地实现了其作为手机支架的基本功能。又如：手机的基本功能是通信，如果手机的基本功能改变了，产品的用途也将随之改变。

图 4-12　针对 iPad 的几种不同支架

　　辅助功能是指在基本功能以外附加的功能，也叫二次功能。如手机的基本功能是通信功能，但现在手机为适应消费者的需要，往往都附加了媒体播放、摄影、摄像、游戏等辅助功能。

2) 使用功能与表现功能

　　使用功能是指产品提供的使用价值或实际用途，它通过基本功能和辅助功能反映出来，如带音响的石英钟，既要显示时间，又要按时发出声音。

　　表现功能是对产品进行美化、起装饰作用的功能，通常与人的视觉、触觉、听觉等发生直接关系，影响使用者的心理感受和主观意识。表现功能一般通过产品的造型、色彩、材料等方面的设计来实现，如图 4-13 所示。

图 4-13　非洲艺术风格的 DELL 笔记本电脑

3) 必要功能与多余功能

　　必要功能是指用户要求的产品必备功能，如钟表的计时功能是必要功能，若无此功能，它就失去了价值。必要功能通常包括基本功能和辅助功能，但辅助功能不一定都是必要功能。

　　多余功能是指对用户而言可有可无的，甚至不需要的功能，包括过剩的多余的功能。之所以产生产品的多余功能，一般是由于设计师设计理念的错误和企业在激烈市场竞争中的错误导向。

　　显然，第二种分类方式对于设计师而言更加直观和容易理解。

　　其中，产品的基本功能是设计的必要条件，通常也就是产品的必要功能，如果这些基本功能不能实现，那么产品就没有存在的必要；其次，产品的辅助功能则是提升产品价值的有效途径，尤其现在提倡生态设计和人性化设计，所以很多具有附加功能的产品必然会受到大家的欢迎和青睐，不过需要注意的是，辅助功能的设计不能影响产品的基本功能，否则会有画蛇添足之嫌；第三，产品的表现功能是提升产品附加价值的有效途径，通常是指产品的认知功能、审美功能或者象征功能，主要通过物质的实用功能以外的其他主观的、感受性的设计元素体现出来。

　　以上功能要素共同组成产品的骨骼系统，亦即支撑产品形成和存在的核心与关键。

2. 结构、构造与材料

功能是产品的决定性因素，功能决定着产品的造型，但功能不是决定造型的唯一因素，而且功能与造型也不是一一对应的关系。造型有其自身独特的表现方法和手段，具备同一产品功能，往往那个拥有多种造型形态的产品更受欢迎，这也正是工程师不能替代产品设计师的根本原因所在。当然，造型不能与功能相矛盾，不能为了造型而造型。物质技术条件是实现功能与造型的根本条件，是构成产品功能与造型的中介因素。它也具有相对的不确定性。相同或类似功能与造型的椅子，可以选择不同的材料；材料不同，加工方法也不同；同时，也可以选择不同的结构或者构造。因而，产品设计师只有掌握了各种材料的特性与相应的加工工艺以及结构与构造知识，才能更好地进行设计。也就是说，只有通过由结构、构造以及材料所组成的"肌肉系统"将由形态、色彩和材质所组成的"皮肤系统"与由功能组成的"骨骼系统"连接起来的时候，产品才能真正做到有血有肉，才能真正实现其功能和价值。

1) 结构与构造：产品形态组合的秩序

作为存在于三维空间的立体物，如果产品不具备将线、面、体等各种造型因素组合起来的具体构造法则的话，就不可能形成它的形态。因此，对于造型来说，结构与构造是必不可少的要素。

现代设计师通过金属管材的新结构来设计各种椅子；也使用新型玻璃设计椅子和建筑，并发明了使用玻璃材料的新的组合结构。但如果椅子被人一坐就坏掉了，那将会是件很糟糕的事情；如果橱柜由于放了稍多东西而坍塌，那也是人们极不乐意见到的事情；如果建筑物遇到地震就倒塌，那还如何能让人安心的生活工作？在我们周围，如果物体不能满足设计标准的强度要求，就会形成潜在的危险，这样的例子有很多。所以，学习造型时对结构以及构造的研究就显得非常有必要，工业设计师应该习惯性地将对结构和构造的研究作为一项基本的职业素养。也许设计师并不能将那么多新的结构和构造都全部应用于具体设计当中，但应该把发现新的结构和构造作为自己的一项日常所从事的研究去重视。此外，对自然界的构造的研究以及对其他学术领域的构造的研究也都是很有必要的。

很多时候，新的设计发现创造新的"节点"类型和新的造型。日用品、家具、建筑等在细部的构造是由一个个的"节点"所决定和体现的。生活中很多新的创意、新的要求、新的材料（造型可能）都是由新的结构和构造来表现的，如图 4-14 所示，不同的集线器设计其实有着相同的原理，而其所表现出来的不同的造型则是基于完全不同的结构形式完成的。

同时，新的材料技术也可以通过新的创意产生新的构造。日本的 GK 工业设计研究所创造的"活的道具"构造理论指出，产品所扮演的"道具"主要由"表皮部""器官部"和"骨骼部"三个部分组成。正如图 4-14 中不同的集线器设计所表现出来的那样，用以"骨骼"为中心的骨架组合以及由"表皮"与"器官"根据用途并且在损坏时可以自由替换的方法可以设计出不同的道具，这便是基于产品结构与构造实现设计创新的例子。

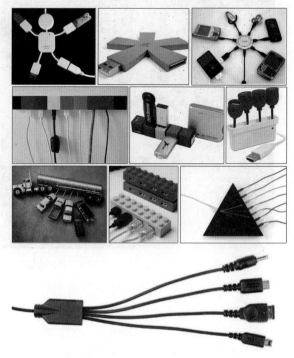

图 4-14　集线器设计

2) 材料：产品造型实现的载体

听材料讲的"故事"，不管是在雕刻的殿堂还是在设计的世界，都是一样重要的。米开朗基罗（Michelangelo Buonarroti，1475—1564 年）是在"用耳朵倾听大理石的呼声"；而工业设计师则是在用皮肤去感触每一块材料的特性，再赋予它们一个个与之相吻合的内容，使之成为一张桌子或是一把椅子。人类历史上制作的椅子，每一个都具有不同的形态。而根据木头、金属或塑料的造型可能性加以展开制作的椅子，则是利用材料的有限特性来构成形态，如图4-15所示。

显然，发现材料潜在的造型可能性，将其特点扩展，便可以创造出极具个性特色的产品形态。同时，如果将眼前"熟悉"的材料赋予新的解释，也可以产生新的作品。根据材料在某时代的功能，对其加以造型化，也就是说对材料的造型可能性的认识是发现材料新的功能

图4-15　不同材质和肌理效果的天鹅椅

的产物。材料与功能相互作用相互融合，产生新的造型，经程式化而固定下来并加以发展，从而进一步丰富造型世界的内容。日常的造型可能性，在我们的日常生活中，有很多产品都是基于对材料认识研究所发现的新功能而创造出新的造型形态，如图4-16所示。

图4-16　采用类似于"喷射"方式加工出来的座椅

材料对设计师既可以起到限制作用，也可以起到激励作用。起限制作用是因为"没有什么材料是可以违反其本质而被强制成什么特别的形状的"；起激励作用则是因为对某些材料的特定固有材质的理解给了设计师创新的自由。材料使用中的总体整合是优秀设计的一个重要方面。它意味着对使用的材料的内在特质的"如实利用"和"真实表达"。例如，被意大利设计师们如此有效地利用的塑料被频繁用来取代其他具有完全不同材质的材料。聚乙烯和密胺代替了织品、皮革、泥土和大理石，尽管这些替代材

料更为经久耐用，而且便于维护保养，但是它们缺少天然材料所拥有的温暖感、触摸感和气味等，设计师可能因此失去探索开发塑料所拥有的独特材质的机会。

图 4-17　无扶手单人椅

如图 4-17 所示，同样都是无扶手单人椅，潘顿于 1959—1960 年设计制作的第一把玻璃纤维增强塑料椅和里特维尔德于 1934 年设计的 Z 形折弯椅就截然不同。两者都很简洁，都是外形上大体呈 Z 字形的无扶手单人椅；两者都采用悬臂结构，而且当我们坐上去时，两者都让人感觉相当舒适。但是，前者体现了塑料的流畅光滑和易于弯曲的材质。它没有接头，也不需要接头，因为用铸模压制的塑料平衡点相当好，足以支撑就座者的体重；后者则是用木板按一定的角度组合制成的，从三个方位上连接起来，并用榫头加固。通过适当的结构，木质制品拥有相当的张力以防止断裂，不过这把椅子实际上具有某种程度的弹性。这两把椅子就很好地证明了不同材料对设计师和设计作品的影响不同。

3. 形态、色彩与材质

无可厚非，"产品设计是功能与形式的统一"。功能和形式是产品设计的基本要素。而现代产品一般给人传递两种信息：一种是理性信息，如通常提到的产品的功能、材料、工艺等，它们是产品存在的基础；另一种是感性信息，如产品的造型、色彩、使用方式等，其更多地与产品的形态生成有关。

设计的形式要素是指设计作品外在的造型要素，如形态、色彩、材质与装饰等的构成关系。它与功能因素有着相辅相成的联系，外在造型因素是设计作品功能因素信息的最直接的媒介，它的产生受到实用功能的制约，同时又对认知功能的形成具有重要作用。

1) 形态：空间形态和造型艺术的结合

形态是营造设计主题的一个重要方面，它主要通过产品的尺度、形状、比例及层次关系对心理体验的影响，让用户产生拥有感、成就感、亲切感，同时还营造必要的环境氛围使人产生夸张、含蓄、趣味、愉悦、轻松、神秘等不同的心理情绪。

例如，对称或矩形能显示空间的严谨，有利于营造庄严、宁静、典雅、明快的气氛；圆形和椭圆形能显示包容，有利于营造完满、活泼的气氛；用自由曲线创造动态造型，有利于营造热烈、自由、亲切的气氛。

特别是自由曲线对人更有吸引力，它的自由度强，更自然，也更具生活气息，创造出的空间富有节奏、韵律和美感。流畅的曲线既柔中带刚，又能做到有放有收、有张有弛，完全可以满足现代设计所追求的简洁和韵律感。曲线造型所产生的活泼效果使人更容易感受到生命的力量，激发观赏者产生共鸣。利用残缺、变异等造型手段便于营造时代的和前卫的主题。残缺属于不完整的美，残缺形态组合会产生神奇的效果，给人以极大的视觉冲击力和前卫艺术感。如图 4-18 所示，不同形态的椅子给人不同的视觉感受：或庄重，或亲切，或时尚，或前卫。

同时，形态还能表现空间情态，如体量的变化、材质的变化、色彩的变化、形态的夸张或关联等，这些都能引起人们的注意。产品只有借助其外部形态特征，才能成为人们的使用对象和认知对象，才能发挥自身的功能。产品形态还能体现一定的指示性特征，暗示人们该产品的使用方式、操作方式。如裁纸刀的进退刀按钮（见图 4-19）设计为大拇指的负形并设计有凸筋，不仅便于刀片的进退操作，而且还暗示它的使用方式，许多水果刀或切菜刀也设计为负形以指示手握的位置（见图 4-20）。

此外，工业设计中还可以通过造型的因果联系来提示产品的功能。如旋钮的造型采用周边侧面凹凸纹槽的多少、粗细这种视觉形态，以传达出旋钮是精细的微调还是大旋量的粗调（见图 4-21）；容器利用开口的大小来暗示所盛放物品的种类，普通矿泉水瓶口与功能饮料瓶口就根据人们使用习惯的不同设计成不同的尺寸。

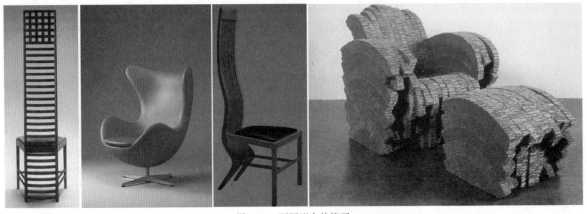

图 4-18　不同形态的椅子

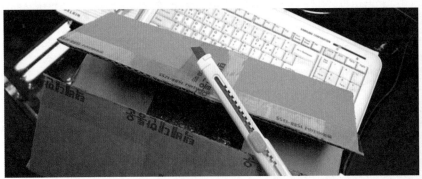

图 4-19　裁纸刀

图 4-20　厨房用具

　　而且，通过产品形态特征还能表现出产品的象征性，如产品本身的档次、性质和趣味性等。设计师常常通过形态语言体现出产品的技术特征、产品功能和内在品质，并通过产品标志、常用的局部典型造型或色彩手法、材料甚至价格等来体现某一产品的等级和与众不同，从而把握好产品的档次象征。如图 4-22 所示，不同品牌笔记本根据其产品的特性选择了不同的形态语言：索尼笔记本强调娱乐功能和时

图 4-21　对讲机的不同旋钮

尚设计精神、IBM 笔记本强调稳定的商务性能和苹果笔记本强调强大的图像处理功能，这种处理手法主要包括零件之间的过渡、表面肌理、色彩搭配等。当然，我们也可以通过产品形态语言来体现产品的安全象征，这种设计手法在电器类、机械类及手工工具类产品设计中具有重要意义。

图 4-22　不同品牌笔记本的形态语言

2) 色彩：情感与文化的象征

因为人类对色彩的感觉最强烈、最直接，所以作为视觉审美的核心，色彩深刻地影响着人们的视觉感受和情绪状态。

产品的色彩，不仅具备审美性和装饰性，而且还具备符号意义和象征意义。它来自于色彩对人的视觉感受和生理刺激，以及由此而产生的丰富的经验联想和生理联想，从而产生复杂的心理反应。

产品设计中的色彩，包括色相、明度、纯度以及色彩对人的生理、心理的影响。色彩给人的感受是强烈的，不同的色彩及其组合会给人带来不同的感受：红色热烈、蓝色宁静、紫色神秘、白色单纯、黑色凝重、灰色质朴，不同色彩表达出不同的情绪，成为不同情绪的象征（见图4-23)。因此，色彩对空间意境的形成有很重要的作用，它必须服从于产品的主题、进而使产品更具生命力。

同时，产品设计中的色彩还能暗示人们产品的使用方式和提醒人们注意某个产品细节，如传统照相机大多以黑色为外壳表面，显示其不透光性，同时提醒人们注意避光，并给人以专业的精密严谨感；而现代数码相机则以银色、灰色以及更多鲜明的色彩系列作为产品的呈现色彩，以体现其时尚感（见图4-24)。所以，产品的色彩设计应依据产品需要表达的主题入手，并要体现其诉求。此外，对色彩的感受还受到所处时代、社会、文化、地区及生活方式、习俗的影响，反映着追求时代潮流的倾向。

图4-23 Motorola U 6 不同的色彩方案　　　　图4-24 传统照相机与现代数码相机的颜色对比

而且，所有的色彩感受都是建立在人的视觉感官的生理基础之上的。人在接受色彩刺激时会产生丰富的生理反应和心理反应，生理反应中的色彩错觉和幻觉最为突出。其中不同人的个体差异，群体共同的色彩感情以及时代和社会环境的变化，都成为影响人们对色彩的好恶的决定性内容。如图4-25所示，人们对于色彩的这些感受与反应，也常常被充分地运用到设计中，形成流行色、主色调等专业色彩的学问，并成为工业设计中不可缺少的要素。

3) 材质：材料质感和肌理的传递

人对材质的知觉心理过程是不可否认的，而质感本身又是一种艺术形式。

如果产品的空间形态是感人的，那么利用良好的材质与色彩可以使产品设计以最简约的方式充满艺术性。如图4-26所示，Living Stones 通过面料营造出了柔软的鹅卵石肌理效果，其材料的质感肌理给人以视觉和触觉的感受以及心理联想和象征意义。

产品形态中的肌理因素还能够暗示使用方式或起到警示作用。如图4-27所示，我们常常根据手指的指纹将产品中手的接触面设计为细线状的凸起物，从而提高了手的敏感度并增加了把持物体时需要的摩擦力，这使产品尤其是手工工具的把手设计理念得到有效的利用并作为手指用力处和把持处的暗示。

同时，我们还可以通过选择合适的造型材料来增加感性和浪漫成分，使产品与人的互动性更强。在选择材料时不仅要用材料的强度、耐磨性等物理量来做评定，而且要考虑将材料与人的情感关系远近作为重要评价尺度。不同的质感肌理能给人不同的心理感受，如玻璃、钢材可以表达产品的科技气息，木材、竹材可以表达自然、古朴、人情意味，皮革则可以表达亲切和温暖感等。材料质感和肌理的性能特征将直接影响到材料用于所制产品后最终的视觉效果。工业设计师应当熟悉不同材料的性能特征，对材质、肌理与形态、结构等方面的关系深入地分析和研究，科学合理地加以选用，以符合产品设计的需要，如图 4-28 所示。

图 4-25　利用色彩设计对铝饭盒的创新设计　　　　图 4-26　Living Stones

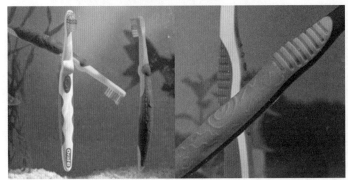

图 4-27　牙刷的手柄设计　　　　图 4-28　巴塞罗那椅中金属材料与皮革材料的对比

　　上述形态、色彩和材质三个因素，共同组成了产品的视觉感受要素，它们是产品最表层的设计要素，也是与人的视觉、触觉等直接联系的设计要素，所以此处将其归纳为"产品的皮肤"。

　　优秀的产品造型设计，总是通过形态、色彩和材质三方面的相互交融而提升到意境层面，以体现并折射出隐藏在物质形态表象后面的产品精神。这种精神通过用户的联想与想象而得以传递，在人和产品的互动过程中满足用户潜意识的渴望，实现产品的情感价值。

4.3　工业设计中"人"的要素

　　工业设计的目标，是以"人"为中心的，以艺术手法与科学技术相结合的途径，创造人所需要的物质和环境，并使人与物质、人与环境、人与社会相互协调。所以，人的要素才是工业设计的根本要素。

　　"为人服务"是工业设计的既定目标。设计是为人的，不同民族、不同地域、不同社会形态、不同文化传统的人，对改造自然和社会、适应生存发展所运用的原理、材料、生产也不同，其创造出来的事与物，也是不同的。新技术、新材料、新形式、新色彩、新结构、新功能、新思维、新产品层出不穷，都是为了满足不同人们的需要。有的企业以市场代替了生活，竞争代替了需求，形式美代替了功能，信息代替了亲身调查，外国的模式代替了中国的传统特色，这些以追逐利润为目的的设计，实际上已经不再是真正的设计。标志着当代科学与艺术融合的设计，始终直接地从物质上、精神上关注着以人为依据、以人为归宿、以人为世界终极的价值判断。

　　同时，人既有生物性，又有社会性。因此，"以人为中心"的设计便拥有了双重含义，体现了作为人类生存方式的认识、改造自然的物质生产过程，体现了社会方式的更新变化过程。"为人服务"首先就是满足人的衣、食、住、行和审美享受的需要，就是在工业设计的过程中充分适应人们生理的、心理的需求；其次，人类具有不断发展的需求，需要不断更新和开发新的设计作品来满足这种需求，作为一个变化的动态体系，"为人的设计"还存在于以设计作品引导需求的过程中，如图 4-29 和图 4-30 所示。

图 4-29　Keyboard for Kids

　　因此，很有必要深入分析"人—产品—环境"这一宏观语境中"人"的要素。

图 4-30　儿童笑脸餐具

图 4-30　儿童笑脸餐具（续）

4.3.1　从产品生命周期看产品的利益相关者

　　产品生命周期是基于市场学的一个重要概念，它是指一个产品进入市场到退出市场所经历的市场生命循环过程，进入和退出市场标志着周期的开始和结束。任何产品从销售量随时间的增长变化来看，从开发期生产到形成市场，直至衰退停产都有一定的规律性。如图 4-31 所示，产品的生命周期一般分为介绍期（包括开发期和引进期）、成长期、成熟期和衰退期四个阶段。在产品生命周期的各个阶段，销售额随产品进入市场时间不同而发生变化，通常可用 S 形的曲线来表示。

　　此处，借用"产品生命周期"的概念来说明工业设计活动中产品从诞生到消亡的全过程。

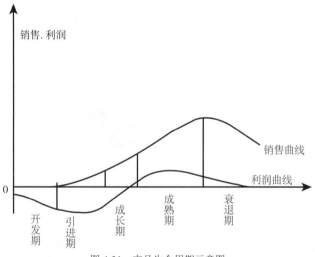

图 4-31　产品生命周期示意图

从时间角度而言，即产品从概念到作废的全部过程，具体表现为"作品——制品——商品——用品——废品"。在不同的属性阶段，产品体现出不同的特征，也对设计提出不同的要求。

　　利益相关者是管理学中的概念，最早见于爱德华·弗里曼 (Edward Freeman，1951 年—)1984年出版的《战略管理：利益相关者管理的分析方法》一书，指股东、债权人等可能对公司的现金流有要求权的人。管理学意义上的利益相关者则是指组织外部环境中受组织决策和行动影响的任何相关者。他可能是客户内部的成员，如雇员；也可能是客户外部的人员，如供应商。具体而言，主要包括企业的股东、债权人、雇员、消费者、供应商等交易伙伴，也包括政府部门、本地居民、本地社区、媒体、环保主义等压力集团，甚至包括自然环境、人类后代等受到企业经营活动直接或间接影响的客体。

　　此处，借用管理学中的"利益相关者"指代工业设计过程中我们需要着重考虑的与产品和环境相关的人的要素，如产品的生产者、购买者、销售者、使用者、维修人员等，这些不同的人群往往会对产品的设计提出不同的要求，而这些需求正是"以人为中心"的设计理念中所强调的人的需求。

　　以日用品设计为例，设计师首先要考虑设计的目的，进而分析服务对象的生理和心理需求、使用要求、美观要求、舒适程度以及生产材料、加工工艺限制。生产厂家考虑的是投入与产出、材料与工艺、价格与市场等。经销商更多地考虑的是产品成本、运输、购买及售后服务。消费者则更加关注产品的使用功能、外观、色彩、尺寸、材料、价格等因素。

又如医疗设备的设计（见图4-32）。一般而言，当我们设计普通的家用电器产品时，产品的购买者通常就是产品的最终使用者。但是医疗设备却有些不同，由医院的管理者来购买，由医生和护士来操作，而最终用于患者接受治疗。这就要求我们需要满足这三组不同顾客的需求，而不仅仅是满足某一个人或某一个家庭的需求，同时，这三组不同的顾客需要的和关心的要素不尽相同，而且需求要素的优先顺序也各不相同。医院管理者在购买产品时，更多考虑的是经费与成本、医院自身的空间条件，他们往往会说"这是我们多年来采购单的最佳设备"；医生和护士则更关注医疗设备的操作和使用，他们常常想要"我可以一整天都使用它"或者"我几乎没有注意到它在那儿"的感受；而患者则更关注舒适性和医疗设备给人的心理感受，他们希望"我得到了安全的照料，在这里都很好"。

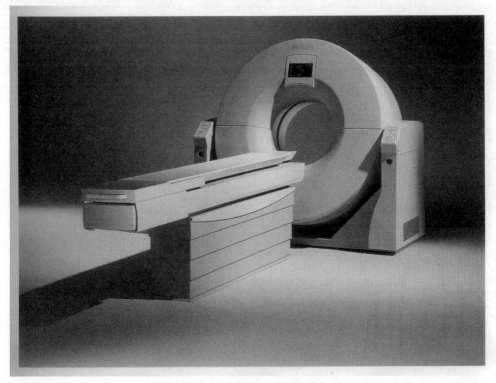

图4-32 飞利浦公司的医疗设备

首先，在设计的过程中我们要充分考虑产品所属的品牌或公司。因为产品承载着表达企业公司理念和设计文化的任务，同时也是代表企业参与市场竞争的物质载体，所以，在设计时我们首先要深入了解企业的DNA。而且几乎每一家公司或者每一个品牌都会根据自己公司或者品牌的实力以及自己对市场的理解确定不同的市场定位，而且这种市场定位往往体现为不同的消费群体或者不同的市场定位。然后经过长年累月的积累，他们都会对自己独特的消费群体和市场定位形成某种根深蒂固的理解，这种理解进而就会演化为具有独特风格的设计风格。以手机为例，不同品牌的手机往往都有着不同的设计定位，而且通常都会体现出不同的设计风格。如摩托罗拉(Motorola)以技术为核心，其产品大多表现出稳健的形态和色彩；三星(SAMSUNG)则以时尚为出发点，无论是形态还是色彩或材质，处处都体现出高贵的品质；索爱(Sony Ericsson)则以年轻人为目标人群，其设计无论是功能还是形态、色彩，甚至使用习惯，处处都体现出对年轻人的关怀，如图4-33所示。

其次，我们要考虑生产者的实际生产能力和水平。因为设计作品需要进一步转化为大批量生产模式下的产品，所以设计更多的时候还要考虑其作为制品这一属性的诸多因素，如选择什么样的材料、采取什么样的成型工艺和表面处理工艺、有没有合适的工装设备等。

图 4-33　不同品牌的手机广告

　　第三，我们可以关注产品从"制品"的生产厂家到"商品"的商场之间的流通的过程。提到流通，设计师想到的往往会是产品的包装设计，如前文提到的索纳特椅子，其设计中一个非常重要的突破便是它可以拆开成为若干个部件和几个螺钉，从而方便拆装和运输，如图 4-34 所示。现在便有很多类似的设计是从包装或者产品的形态角度来进行创新的，如图 4-35 所示。

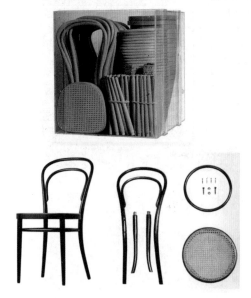

图 4-34　索纳特椅子及其标准件

图 4-35　韩国设计师 Joonhuyn Kim 设计的扁平灯泡

　　第四，我们要充分考虑产品销售者对产品的需求。他们往往想要产品有很好的卖点，这样才能提高产品的市场竞争力。因为消费是设计的消费，消费者消费的是物质化和非物质化的设计，设计创造了消费，扩大了人类的消费欲望，从而创造出远远超过实际需要的消费欲。现在许多产品设计中的主题产品开发便是考虑设计商品化非常典型的例子，例如某些电影上映时所推出的衍生品、迪士尼的系列文具、芭比娃娃配套玩具等主题性的产品，如图 4-36 所示。

　　第五，与产品销售者对应的，我们应该考虑产品购买者对产品的需求。产品购买者更多时候考虑的是产品的性价比，因此，如何提高产品的性能（即功能，包括实用功能、认知功能、象征功能和审美功能等）以及如何降低产品的价格便是从产品购买者角度对设计师所提出的要求，同时如何让你

图 4-36　以泰迪熊为主题的 TEDDY LAMP

设计的作品在琳琅满目的货架上从众多的作品中脱颖而出也是对设计师极大的挑战。

第六，当产品完成交换，从商品转变为用品后，产品的使用者便成为设计工作的中心。如何让产品在供人使用时与人的尺度相适应，与人的生理、活动和心理特性相适应，并且在发挥产品功能的基础上能提供足够的直观信息以适应其预期用途是设计工作的重点。如图 4-37 所示，在为老年人设计的饰品中，加入了放大镜等辅助功能，提高了产品对于使用者而言的价值。

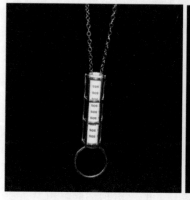

图 4-37　针对老年人的饰品设计

第七，产品在使用的过程中，我们还要考虑产品可能面临的维修者的因素，尤其在一些大型设备和工具的设计中。因为这一类产品在使用过程中经常需要操作人员或者维修人员对其工作状态和零部件性能等进行检查和维护，与使用者大多从产品外部对产品进行操作不同，维修人员和维护人员有时候还需要对产品的内部空间、结构和构造提出一些要求。

最后，是产品在完成其使用价值后回收处理的过程中对周围人群或者环境可能造成的影响。这个时候，相关的人群可能就不再仅仅局限于与该产品直接相关的人群，产品可能对某些与产品不直接相关的人群（如垃圾场周围的居民）产生影响，甚至还有可能对子孙后代造成间接的影响。

4.3.2　工业设计中"人"的演变

一件产品，从设计生产到使用再到废弃处理，经历一系列的过程。在这个过程中，产品是以不同的"社会角色"与人发生关系的，同时也表现出人们不同的社会期待，如图 4-38 所示。

其中，人在"人—产品—环境"所构建的系统中又体现出不同的特征。

首先，是生物学意义的人。生物学意义上的我们，对设计的影响主要表现为受到人的生理特征的约束。人的生理特征是一切产品设计所必须考虑的第一要素。而在人的所有生理结构中，视觉及四肢（特别是双手）与产品的关系特别密切：产品的所有操作大都与手有关，所以产品操作部件设计离不开手的生理结构；产品的信息输入和信息反馈与人的视觉及肢体密切相关，设计时要充分考虑到人的视觉和肢体特征，否则产品就不可能使人的操作舒适、合理、高效。

其次，是作为心理学意义的人。在这个层次上，我们更多地考虑产品的实用性（主要指产品必需的基本功能，如手机的接收信号、通话质量）与享乐性（主要指美学上、体验上带来的奢侈品般的享受，例如手机的造型、上网功能、各种软件应用）之间的关系。

图 4-38　针对女士设计的工具套装

最后，是作为文化学意义的人。主要考虑审美能力、认知能力等生理结构以外的其他多种特征，它们决定着人对产品的文化需求、审美需求、认知需求、象征需求等。

设计师所设计的产品是提供给企业进行生产的，为了能顺利地投产，设计方案必须具有经济的合理性和工艺的可行性。所谓经济的合理性是指可取得较大的经济效果：要尽量减少投入，增加产出，并设法降低原材料、能源和劳动消耗，提高产品的功能。根据价值工程原理，产品的经济效益可以用单位成本的功能来衡量；工艺可行性则是从企业现实条件出发的要求，可以保证生产的正常进行。

企业所从事的是一种商品生产，产品生产出来以后便要进入市场。企业要通过生产创造商品的交换价值。商品想要有较强的市场竞争力，便需要有明确的目标市场和消费群定位。造型要有新颖性和独特性，要有良好的商标和包装策略，要有有影响力的广告和促销手段以及恰当的市场投放方式。商品的市场竞争力主要依靠以下几种要素来取得：质量、品种、价格和营销服务。质量是确立名品商品的基础，品种是产品类型的细分化，细分以取得自身的独特性和不同对象的适应性。价格是经济合理性的体现。

当商品交换完成以后，产品进入消费者的家庭。这时商品便成了用品，人们购买它正是为了用于满足某种物质或精神的需要。人们希望获得更大的使用价值，取得这种价值的依据便与产品设计的质量水准有关。这时产品的特性应与消费者的个人特性和使用环境的特性相适应。产品要在环境中获得可以识别和认知的性质，并且给人以赏心悦目的感受。产品在供人使用时要与人的尺度相适应，符合人的生理和活动特性。在产品功能的发挥上，能提供足够的直观信息并良好地适应预期的用途。

当然，很多时候人们购买商品，并不一定都是为了自身的消费，也可能是用于馈赠他人，这时商品便转化为礼品。礼品是作为购买者意愿的表达媒介，提供给第三者使用或占有。它可以具有一定的实用性，但同时要具有一定象征性和审美价值，从而作为情感交流的手段，取得特定的纪念意义。

当用品使用寿命完结，产品最终转化为废品。怎样处理废弃品而不造成污染，是环境保护的重大课题，也是当代生态学所关注的。好的产品设计必须考虑到产品作为废弃物的回收和利用方法。

下面以产品的审美特性来具体阐述不同人群对产品设计的不同需求。

一方面，审美是主观的，设计师是有强烈个性的。他们当然想设计出自己喜欢的东西。另一方面，消费者也各有其嗜好、偏爱和趣味。消费者只采纳他们认为美的东西。设计师希望消费者买他们的作品（这种希望比画家希望顾客买他们的画更迫切），就要学会以消费者的眼光来看设计。而设计的美学基本上并不是独立的。例如服装设计只有穿在人身上才能说美或不美。对于一个具体的消费者来说，特别是对一个具体的购买者来说，只有她（或他）穿了美的服装才是美的。设计师不能迷溺于欣赏面料图案或肌理本身的美，也不能迷溺于欣赏设计稿或 T 台上所见到的服装美。消费者既能欣赏设计稿上那种经过变形的理想化了的美，也能欣赏经过挑选和训练的模特儿穿着时装走动时所表现的骀荡之致，但他们更关心的是平平凡凡实实在在的自己是否也能因穿一件衣服而更漂亮。当然，设计师的眼光与消费者的眼光可以很接近也可能迥然不同。要设计师来迁就甚至是取悦消费者，对很多敏感的设计师来说是一件非常痛苦的事，而且常常是费力不讨好。所以有不少设计师就选与自己有相近审美的消费者为目标顾客。而一个产品在提供给社会应用的过程中，还可能同时与不同身份的人发生不同性质的关系。这反映了产品与不同社会角色的人之间的关系。

如图 4-39 所示，一部汽车就可能要与周围不同的人群存在以下 7 种不同的关系。

第一，与购买者的关系。购买者作为这一产品的占有者关注产品的技术经济性能和使用价值。他要考虑这一汽车是否适宜于环境和道路条件及具体用途，要考虑汽车是否与自己的身份地位相称并且自己是否有价格承受力。

第二，与驾驶员的关系。汽车的操纵性能和安全性能都关系到驾驶人员的劳动支出和生命安全。

第三，与乘客的关系。汽车是直接为乘坐者服务的，它的行驶性能和乘坐舒适性直接与乘客相关。上海大众汽车厂生产的桑塔纳 2000 型轿车的改进，便是考虑到中国国情。在我国，目前来看一般情况下驾驶人与乘坐人不是同一个人，所以重点改进了后座的舒适性，以适应乘坐者的要求。

第四，与维修人员的关系。汽车的技术性能、结构性能都与是否便于维修相关。

第五，与行人的关系。汽车的制动性能、玻璃和油漆的反光度、行驶的清洁性，是否会溅起地面污水或扬起尘土，都关系到周围行人的安全和卫生。

第六，与街道居民的关系。汽车排放废气所带来的空气污染、噪声污染等都会影响周围居民的生活和休息。

第七，与旁观者的关系。汽车在行驶中作为一种动态景观可以给周围的旁观者一种审美的享受。

图 4-39　汽车与人的不同关系

4.4　思考题

以某产品为例，用表格、图片、文字等形式表达自己对常见产品设计要素的理解；可选择若干件同类产品，通过对比这些产品设计所体现出来的差异去寻找设计要素。

《第5章》
工业设计的方法流程

⌄

随着现代科技的日益发达，产品开发与设计越来越成为一种多部门参与、多学科交叉的活动。

工业设计作为产品开发过程中的一个环节，需要不同部门间多种知识、技能的配合与协作，否则很难完成日益复杂的设计任务。同时，面向不同的设计项目与课题以及面向产品设计开发流程的不同阶段，往往又需要不同的设计方法和技能。而且，设计是一项系统工程，想要设计出优秀的产品，就一定要掌握合理的设计程序和设计方法，并灵活运用。

5.1   工业设计的一般流程

"设计不只是产品的形状、色彩及尺寸。设计是决策的过程，它处理有关物品形式如何反映经济性与技术功能性，并回应不同消费者的需求。"由此可见，设计不只是某种风格或者某些概念的设计，也不是一项孤立的活动，而是一种程序。设计需要将企业的潜能与消费者的需求联结起来，它位于创新的核心过程中。

所谓程序，是指开展某项工作或实施某项工程的步骤和阶段。设计方法，简而言之就是解决设计问题的方法，主要包括计划、调查、分析、构想、表达、评价等各个阶段所采用的各种具体方法。通常我们对程序和过程的理解有两种：首先，过程包含在对设计任务的执行中，即如何应用设计师的技能处理问题并找出问题的解决方法；其次，如何应用"设计过程"来描述产品开发的策略性计划。诚然，过度地偏向于任何一种看法都是极危险的：因为设计已经不再只是某一位设计师的个人行为，而是企业任何一个活动的支撑力量。所以，正确地理解设计程序的结构非常重要。

正如日本设计师佐藤可士和（Kashiwa Sato，1965年—）在"超级整理术"中所提到的一样，设计是一个问诊的过程。设计师首先需要明晰和厘清当前设计项目的背景及其问题所在，然后结合自己的经验及对设计对象与设计目标的理解找出问题的本质，进而提出问题的解决方案，如图5-1所示。

在这个过程中，设计活动主要包括如下。

1）掌握状况

为了找出问题的本质，设计师首先要替顾客"问诊"，列出所取得的信息，即图中b→c的过程。当然，此处的"顾客"既可以是委托设计项目的客户，也可以是设计课题的面向对象或潜在用户，还可以是相关的技术推力或市场拉力。而"问诊"，则应像中医通过"望闻问切"了解病人病情一样，通过用户研究、市场研究、产品研究等方式尽可能全面、准确地了解问题的全貌，进而把握问题的本质。

如果信息只存在客户脑海里，我们就必须从图中a→b的思绪信息化开始，将原本看不见的事物可视化。

2）导入观点

在掌握了问题的相关信息后，如图5-1中步骤d所示，通过相互对调各类信息、舍弃多余信息、排除含糊暧昧的信息、舍弃无谓的和重复的内容等方法对问题信息进行整理，并设定优先排序。

接着，如图 5-1 中 d → e 所示，设计师根据自己的经验以及对设计问题的理解导入设计观点，厘清问题信息间的因果关系，从而认清问题的关键和本质。

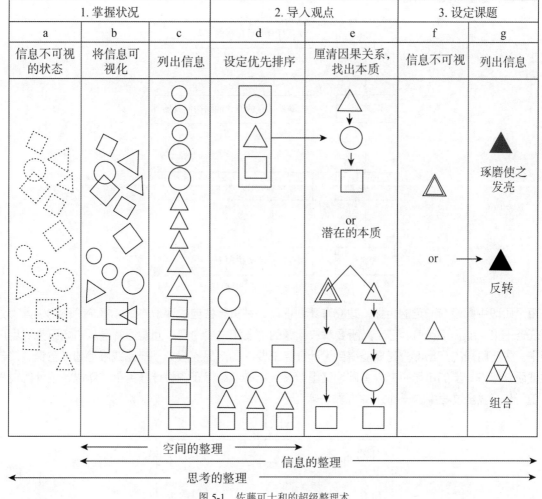

图 5-1　佐藤可士和的超级整理术

3) 设定课题

最后，如图 5-1 中 f → g 所示，将找出的问题本质设为课题，进而导出问题的解决方案。

如果问题的本质是正面的，就琢磨使之发亮、重新组合，强调原本任其埋没的优势；如果问题的本质是负面的，则进行反向思考，将负面扭转成正面，找出解决方案。

佐藤可士和的"超级整理术"用较通俗的语言清晰地描述了工业设计的主要内容和普遍流程。

我们经常看到的设计师处理问题时的五个阶段的设计过程模型如图 5-2 所示。然而，在现实设计活动中，我们很少碰到线性的创造过程。因为，在设计的任何阶段，新的信息、看法或概念都可能要求设计师回到以前的阶段，进一步修正定义、已知项或设计方案。

图 5-2　五个阶段的设计过程模型

这个模型并未考虑设计师创造过程的外部环境。工业设计师可能在组织内工作或者为组织工作，而问题的产生则可能来自组织的内部环境或组织的外部环境。而且设计师的工作成果常常会由组织的其他部门接手，以用作进一步的发展。如：新产品或新的企业识别的推出便将对组织的环境造成影响，进而产生新的设计问题。

当然，就像我们能从不同的角度得到许多完全不同的设计的定义一样，关于设计程序模型的理解也是多种多样的。但如果摒弃设计程序不同阶段的用词和关注点的差异，其实我们不难看出，设计大致包括四个阶段，如图 5-3 所示。

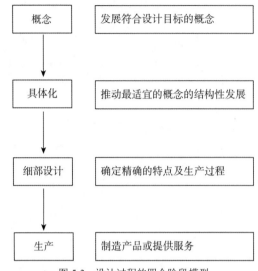

图 5-3　设计过程的四个阶段模型

每个阶段中都设有一定的目标，建立有计划程序，并执行各自的评价方法。概念阶段的输入部分是设计任务书 (Design Brief)，它定义所要解决问题的本质和主要内容；问题通常是从市场研究或用户研究而来。生产阶段的产出部分是要能得到设计任务书要求的产品或服务；产品或服务通过营销、广告等的评估后，以进一步的市场研究为基础，又重新设定新的或经修正的设计任务书。所以，设计的过程是产品创新与开发全过程中的一部分，如图 5-4 所示。

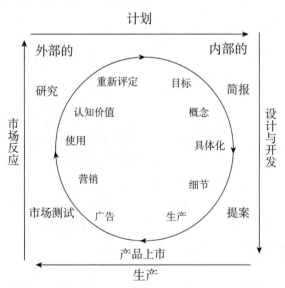

图 5-4　设计的整体过程（资料来源：Walker, D., 1989 年）

而后，人们又提出了"整合设计"的概念，将市场研究、营销策略、工程设计、产品设计、生产计划、销售及环境控制等整合成为一个循环的模式，其所定义的设计过程则更为广泛和全面。这一观点认为：设计过程的定义必须包含市场拉力及技术推力等内容，并强调设计的多重专业及反复进行的本质。同时，对内部环境而言，设计是应用新技术及开发产品概念；对外部环境而言，设计则是满足市场及环境的需求。

当然，不同的设计公司或企业以及不同的设计师在面对不同的设计课题和任务时，往往需要根据课题或项目的实际情况（如时间限制、人员状况、经费要求以及其他协作资源等）选择和设定不同的设计流程，并进一步合理安排项目进度、人员分工、设计方法及交付成果等。所以，所谓工业设计的流程并没有一个固定的、一成不变的模式，但是大多会如前文所述遵循"明确设计目标（包括界定和定义设计的对象与范围）——了解设计问题（收集和研究相关信息）——提出设计概念（针对设计目标和设计定位）——探讨方案可行性（从制造、市场、使用等角度）——设计方案视觉化（通过手绘、计算机辅助设计、模型、虚拟现实等技术和手段实现）"的一般流程，并着重关注以下问题。

　　（1）如何快速、准确地发现问题或设计需求？

　　（2）如何客观、准确地分析设计问题以及需求？

　　（3）如何提出"情理之中意料之外"的解决方案？

　　（4）如何准确、有效地表达设计方案，并与相关人员进行沟通？

　　这些也正是设计方法学研究普遍关心的议题。

5.2　工业设计的常用方法

　　下面结合荷兰 GRO Design 公司 Scoot 电动车的设计案例，进一步说明工业设计的主要内容、一般流程以及设计过程中常用的设计方法。

　　首先，如图 5-5 所示，在开展设计工作前，我们需要明确设计目标和设计内容，即明确设计工作开展的限制条件，如产品功能、成本、使用场景以及目标用户等，并通过上述约束条件构筑设计工作的"空间"。

图 5-5　明确产品规格及功能要求

　　通常，在委托设计任务中，客户会根据市场定位、技术标准、生产能力等提出设计任务书。而在完成设计目标不甚明确或设计输入不够详尽的概念设计或新产品开发任务时，我们常常需要与客户或市场、技术、研发等其他部门以及其他设计师共同商讨以明确设计对象和设计目标。

　　然后，设计师可以进一步借助"5W1H 法(Who/When/Where/What/Why/How)"（又作"5W2H法"，在 5W1H 的基础上增加 How Much）或"故事板(Story Board)"等形式来明确设计任务及设计对象。

　　在设计的过程中，设计师的思维和观念决定了设计构想和概念的提出与确定，而概念的确定又会进一步决定设计的形体和结构的处理。因此，设计师对设计问题的定义决定了设计的构思和概念。具体地说，就是要正确、合理地提出"要解决什么问题？""怎么来解决？""要满足什么功能？"等问题，然后再对上述问题逐一分析并解答。

　　如图 5-6 所示，我们常常需要明确下述问题。

Who：与该产品相关的人物，产品的对象定位。侧重研究使用人群的特征及其设计需求。

When：产品的使用时间，与 Where 因素一起构成产品的使用情境，也包括产品投放市场和销售的时间等因素。

Where：除了产品具体的物理环境以外，还应该包括产品的政治、经济、技术、社会等宏观环境。

What：产品的种类和类型，决定了产品的 DNA，并进一步决定产品的形态、色彩、材质等具体的设计元素，即说明"产品是什么"；这一因素在当前强调产品 PI（Product Identity，产品识别、产品形象）的设计环境中尤为重要。

Why：产品的目的，即"产品的功能是什么"。

How：产品通过什么样的方式去解决上述问题和功能需求，以及产品的使用方式等问题。

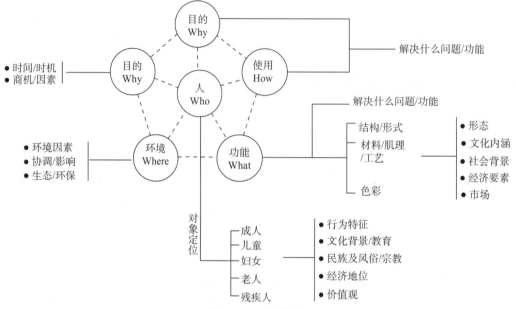

图 5-6　5W1H 法图表

或者，我们可以将上述 5W1H 共计六个因素进一步归纳为"人""物""环境"和"活动"四个因素，并利用人类的言语表达能力即讲故事的能力以及想象力，通过"起""承""转""合"等步骤，将设计师和相关人员带入使用产品的具体的故事情境中。通过具体的故事情景，设计师可以更充分地体验故事中各个不同角色的感受，并将与产品设计相关的信息吸收与消化。这便是"剧本导引法"（又称为"情境故事法"），即"观察——说故事——写剧本——显现情景——设计体验——沟通传达"的产品设计方法。这是一种显现产品使用情景、明确产品设计要求的有效方法，其结果可以简化为常见的"故事板"，如图 5-7 所示。

图 5-7　摩托罗拉手机设计中的故事板

其中，针对上述"人""物""环境"和"活动"等因素，还有 POEMS 框架、AEIOU 法和事理学等分析方法。即：从人群 (People)、物品 (Objects)、环境 (Environment)、信息 (Messages) 和服务 (Service) 构造的研究框架或由活动 (Activity)、环境 (Environment)、交互 (Interaction)、物品 (Object) 与用户 (User) 构建的逻辑框架入手研究产品与用户及环境之间的关系；或从时间、环境、人物与相关物等基本要素入手，以行为为线索，组成动态的事，通过对物与人、事的关系的研究深入理解设计对象。

其次，在明确设计任务和设计目标后，我们应根据设计要求对设计对象及相关设计要素进行分析研究，进一步深刻理解设计对象，并完成设计定位。

研究内容既包括前文所述的经济、技术、文化、社会等宏观的产品使用环境，也包括微观的产品使用环境和产品相关人群等要素，当然还包括功能、结构、构造、形态、色彩、材质以及原理等产品相关要素。通过上述研究，一方面深入了解设计对象的历史、现状和发展趋势，以进一步明确设计工作的约束条件；另一方面寻找在"设计空间"内进行创新设计的可能性，为下一步的设计创意寻找突破口和着手点，如图 5-8 和图 5-9 所示。

图 5-8　分析市场的现有产品

图 5-9　研究产品的潜在需求

在这个过程中：

我们既可以使用缺点（希望点）列举法、KJ 法、属性列举法等方法从不同的视角和逻辑框架下列举和分析产品及其使用过程中所存在的问题与不足，也可以利用趋势分析、功能分析、形态分析等方法就其产品的风格、功能、结构、构造、形态等具体设计要素进行研究。

既可以利用生活形态研究 (LifeStyle Research) 以及其他文化探析的方法对产品使用者的情况进行分析，也可以运用用户观察、用户访谈、问卷调查、用户日记、焦点小组 (Focus Group) 等方法对产品用户及其使用产品的过程与体验进行分析。

还可以运用 DEPEST(即 Demographic/Ecological/Political/Economical/Social/Technical，分别指影响产品及其设计的人口统计学的、生态学的、政治的、经济的、社会的、技术的因素)、PETS、SET 等分析法对产品的宏观使用环境进行研究。

也可以运用感性工学 (Kansei Engineering) 以及文化人类学的研究方法就产品与人之间的关系进行分析；并利用流程图法 (Flow Chart) 对产品设计的相关要素进行系统的研究；或者使用客户旅程地图 (Customer Journey Map) 描述用户在使用产品或者服务时的体验、主观反应和感受。

然后，进一步使用产品形象分析图寻找设计定位和现有产品市场所存在的缺口。

上述研究的目的都是为了寻找和发现设计的切入点和突破口。

再次，根据设计定位和设计要求提出创意方案并逐步完善。如图 5-10 至图 5-15 所示，在这个过程中我们通常需要借助手绘、计算机辅助设计软件 (如 Photoshop、CorelDRAW、Illustrator、AutoCAD、Rhino、3ds Max、C4D、Alias 等) 以及模型表达我们的设计方案。在通过对产品相关设计要素的分析研究寻找到设计创意的着手点和切入点后，可以运用头脑风暴 (Brain Storming，与思维导图结合使用、利用集体创意寻找设计主题，并以关键词的形式记录下来)、思维导图 (Mapping)、样本资料法 (利用联想等方式，对设计主题的关键词进行演绎，并与设计对象结合，以视觉的形式进行表达)、强制联系 (将两个不同范畴内的概念和要素结合起来，从而产生新的概念)、衍生矩阵 (基于设计要素与设计模式的结合引发新概念的方法) 及逆向思考等方法探索针对上述设计要素提出新的方案的可能性，并提出新的方案与创意。

图 5-10　借助头脑风暴等方法提出创意方案

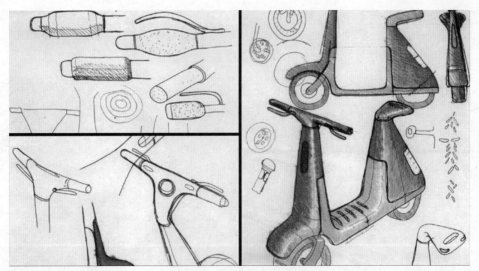

图 5-11　设计方案的表达

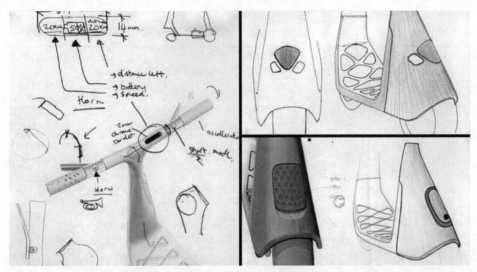

图 5-12　方案的细化设计

图 5-13　借助 2D 或 3D 的草模型研究设计方案

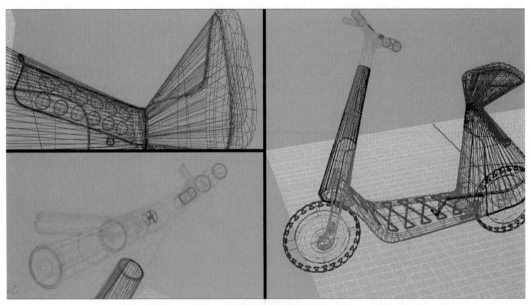

图 5-14　利用 3D 计算机辅助设计软件研究设计方案

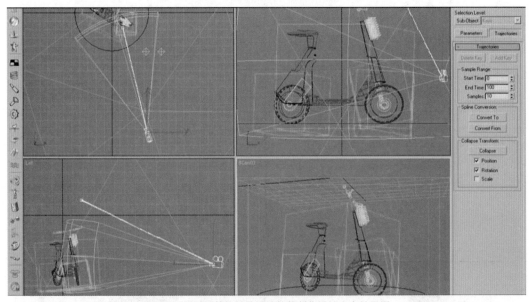

图 5-15　通过计算机辅助设计软件制作设计方案效果图

　　提出设计方案的创意过程是思维发散的过程。因此，不要过度纠结于设计方案的可行性，而应该在设计定位的框架范围内探索尽可能多的可能性。所以，这个过程大多会在开放的情境下，采用头脑风暴等集体创意的方法（此外，还有书写头脑风暴、绘画头脑风暴、一个人的头脑风暴等其他形式）、运用思维导图等利于思维发散的形式，从建立"联结"的角度思考将不同范畴的要素进行结合（如强制联系、联想、逆向、组合等）的可能性。然后，利用语意差分（Semantic Differential）、雷达图等方式从不同的角度对设计方案进行筛选和评估。

　　如图 5-16 至图 5-23 所示，完成方案的创意设计及表达后，应及时与工程人员进行沟通，进一步修改和完善设计方案。其重点是对设计方案可行性的研究，如色彩设计、材料的选择、表面工艺处理（上述三项内容通常总称为 CMF，即 Color、Material、Finishing）、零部件的处理以及结构设计等。这个过程中，通常需要结合样机模型进行评估和设计，并借助 Pro/E、Catia、UG、SolidWorks 等计算机辅助设计软件进行虚拟仿真以提高设计效率。

图 5-16 与设计部门其他人员 (如材质工艺等) 研究设计方案

图 5-17 CAD/CAM 专家研究设计方案的生产工艺可行性

图 5-18 利用 CAM(计算机辅助制造软件) 对设计方案进行修正

图 5-19　利用快速成型技术制作模型

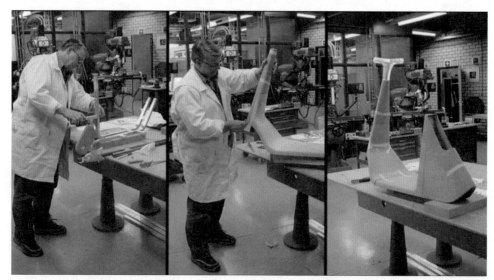

图 5-20　调整和试安装设计方案的零部件

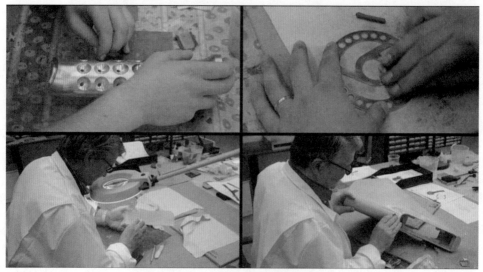

图 5-21　制作其他零部件模型

图 5-22 材质及工艺研究人员研究模型的色彩及工艺

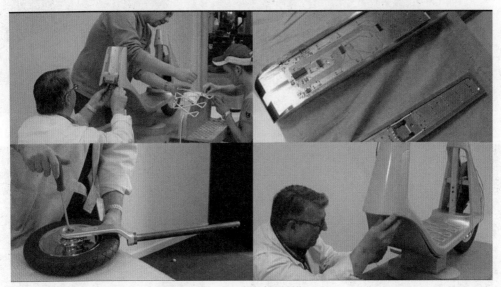

图 5-23 样机模型制作

最后完成设计方案的表达，如图 5-24 和图 5-25 所示。这个过程中的设计表达需要关注产品投放市场后的销售、推广等问题，因而要着重表现产品的性能，并吸引消费者的关注和引导消费者的购买行为。此外，为了更系统地达成产品设计目标，工业设计师可能还需要辅助其他设计人员完成产品的包装设计、使用手册（或指南）设计、橱窗展示设计以及用户界面设计等内容。

由此可见，工业设计的过程其实就是一个"发现问题——分析问题——解决问题"的过程。不过，需要注意的是，正如我们在第 1 章中所提到的那样，很多时候所谓的"问题"并不是显现出来的，而是某种潜在的需求。也因此，工业设计的过程其实可以理解为一个"发现需求——分析需求——满足需求"的过程。当然，在工业设计的过程中，我们还经常碰到设计表达的问题，即借助视觉化的手段将自己所提出的设计方案表达出来，并与相关人员（如设计小组的其他设计师、设计主管、客户、工程技术人员、产品销售者、产品消费者、产品使用者、售后服务人员等）进行交流和沟通。因此，工业设计的一般流程其实是一个"发现问题 / 需求——分析问题 / 需求——解决问题 / 满足需求——视觉化表达"的过程。当然，这个过程并非简单的、线性的过程。近年来，设计思维（Design Thinking）又将设计更多地置于企业、行业、产业乃至整个商业生态的视角进行思考。而且随着以用户为中心的设计 (UCD，User Centered Design)、用户参与式设计 (PD，Participatory Design) 等设计理念的普及和计算机技术、信息技术、材料技术、先进生产制造技术等技术手段的发展，工业设计越来越多地借助和运用心理学、文化学、社会学、人类学、管理科学、信息科学等其他学科领域的方法和手段而变成一个更加庞大的系统工程，所以对设计方法的研究再次成为设计研究领域的重点课题。

图 5-24　搭建产品摄影所需场景

图 5-25　拍摄产品宣传图片

5.3　思考题

选择一家知名设计公司或企业，结合具体设计课题说明其设计程序，并就不同阶段所采用的设计方法进行整理。